里山の花散歩

中野 進

花伝社

キツネノカミソリ

ホオノキ

ジャケツイバラ

ガマズミ

サルトリイバラ

サギゴケとムラサキゴケ

コムラサキ

ノコンギク

里山の花散歩◆目次

色と形で魅了する花

動物に似せた変わりもの

ハチと共に生きる花

人の願いは長寿・豊作・繁栄

山菜は自然の恵み

つるはどちら巻き

刺も身の内

香りは自然の潤い

実は山の賑わい

はじめに——里山へのお誘い

里山（谷戸山）は村里や人家に隣接する山（雑木林）ですが、武蔵野のような平地林も広い意味で里山といえます。このように身近にあって季節を感じさせてくれるところ、それが里山なのです。

そんな里山から四季おりおりの花をご案内しようと筆をとりました。ところが現在都市周辺の里山は荒れているのです。誰も山で炭を焼くことも、薪をとることも、また落ち葉を掃いたり、下草を刈ることもしなくなったからです。かつて燃料にしていた炭や薪、堆肥にしていた落ち葉や下草が使われなくなった結果なのです。

そんな荒れた里山を復活させようと、数年前から行政やボランティアの人たちが下草刈りや竹の伐採を始めています。そして汗を流した甲斐があって、今まで見られなかった四季の花々が蘇ってきたのです。自然は本当に素晴らしい力を持っているのです。里山の自然はそのまま放置しておくと、どんどん荒れていきますが、人がちょっと手を入れてやればすぐに回復してくるのです。

かつては実用的な材料の生産地でしたが、今や自然と触れ合い、自然を楽しむ場に変わってきたのです。美しい花々や小鳥たちが私たちの気持ちを和ませてくれるのです。そしてまた心も癒してくれるそんな所でもあるのです。

ふるさとは遠くにありて思うものですが、里山は近くにありて自然と触れ合うところなのです。散歩にお出掛けください。きっと花の一つや二つに出会えるはずです。けなげに咲いている小さな野の花を見て、一瞬はっとさせられることがあります。そんな花にも生命《いのち》が輝いているからです。そんな時「またお会いしましたね」とか、「お前も元気にしていたか」とか、「また来年も会おうぜ」などと、声を掛けてください。花は喜ぶのです。名前で呼び掛けられるともっと嬉しいのです。

そしてさらに、四季の変化と共に、それぞれの花がどんな素顔を見せてくれるのか、またどんな姿に変わっていくのかが分かってくると、花とのお付き合いがますます楽しくなってきます。その意味でここに取り上げた花のお話がいくらかでも散歩のガイドになれば幸いです。

注　「里山」という用語は、森林生態学者の四手井綱英氏の提案で今日一般的に用いられているが、このことばはすでに『木曽山雑話』（宝暦九年・一七五九年）に現れる。

色と形で魅了する花

1 イチリンソウ

●春風に舞う妖精……キンポウゲ科

「きょうはどんな花に出会えるかなあ」と、カメラを肩に近くの川べりを歩いてみた。わずかに残された斜面の木々にも、いまや春のきざしが見え始めた。広く伸ばしたミズキの赤い枝先が太く膨らみ、淡い緑の葉が開きかかっている。また周りの空気までも赤紫に染めたようにヤマザクラの生気に満ちあふれた葉が鮮やかに輝いて見える。

ふと足元を見ると、畦道のわきに白い花が揺れているのに気が付いた。イチリンソウである。いつ見てもあの清楚な花の姿には魅せられる。春のさわやかな風に舞う妖精のように可憐である。そしてときどき口紅にも見える淡い紅色がこの花を一層魅力的なものにしている。茎の先端に一輪だけ付けているところからその名が付けられた。

淋しさは一輪草の名を負いし　木村協子

この仲間に二輪草（ときには三輪つく）があるが、いずれもやや湿った所を好み、地下茎を横に延ばして増える。花は一輪草のほうが大きく、径四センチくらい。花弁のように見えるものはがくで、普通五枚。まっすぐに立つ一輪草の花は、柄のある三枚の葉の真ん中から伸びており、葉には細かい切れ込みがある。実はこの葉は、花茎《かけい》が地上に出てくるとき蕾《つぼみ》を包んでいたもの（包葉《ほうよう》）である。二輪草の場合は葉柄《ようへい》がなく、葉はやや小さく切れ込みが少ない。花茎《かけい》の先端をよく見ると、最初の花は頂上についているが、二番目、三番目の花は花茎と葉の付け根の間から出ていることが分かる。根ほり葉ほりは私の生来の性分。地下茎も掘ってみる。一輪草にはところどころ膨らみがあり、地下茎の上部から一本ずつ葉を出している。これに対して二輪草は花茎の根元から葉を二、三本出し、地下茎の先端には鱗片《りんぺん》がついている。

かつてはあちこちに群がって咲いている姿が見られたが、今日では激減しほとんど見掛けなくなった。幸いにも緑地保全地域の一角で、この可憐な妖精たちが舞う場面に出会うことができ、その感動と魅力にすっかり時の経つのを忘れていた。初夏にはもう地上から姿を消してしまうのである。

上：ニリンソウ
下：イチリンソウ
Anemone nikoensis
アネモネはギリシャ語で「風の娘」、ニコエンシス「日光産の」。

●静御前の化身

2 ヒトリシズカ

センリョウ科

「かわいい！」女性たちの歓声。土手に今年最初のニホンタンポポの花を発見して大喜び。あの黄金色の花は春の温もりと光を感じさせる小さな太陽だ。淡紫色の明るい笑顔のタチツボスミレ。楽しそうに踊っている紫色のヒメオドリコソウ。どの花も可愛いものばかりだ。一瞬はっとする。絶滅してしまったと思っていたヒトリシズカが、落葉の横にひょこんと頭を出していたのだ。

ヒトリシズカはセンリョウ科の多年草。センリョウは常緑の低木であるが、こちらは草で冬になると地上部は枯れて姿を消す。

四月の初旬、濃い紫色の葉に包まれた花芽が地中の根から伸びてくる。五センチほどに伸びると中から一本の花穂《かすい》が出てくる。

花穂ひとつ一人静の名に白し　　渡辺水巴

上：フタリシズカ
下：ヒトリシズカ　Chloranthus japonicus　クロランツス「緑の花」。ヤポニクス「日本の」。

花穂は細長くて白い糸状のもの（花糸《かし》）が軸の周りに何本も付いている。その花糸もよく見るとそれぞれ三つに分かれ水平に広がっていることが分かる。この花は白い花糸が花弁のように見えるだけで、花弁もがくもない。つまり、はだかの花（裸花《らか》）なのだ。葉は四枚。これもよく見ると同じ所から四枚出ているように見えるが、上の二枚と下の二枚とが相接しているだけで実際は対生である。

ヒトリシズカの名の由来は、江戸時代の『和漢三才図会』によると、義経の愛人静御前《しずかごぜん》に因んで付けられたという。別名ヨシノシズカ、マユハキソウという呼び名もある。

これと同じ仲間にフタリシズカがある。花は白い粒状で、花期は少し遅れる。背丈はずっと高く、葉も大きく、花穂《かすい》を二本（時には三本から七本）出し、白い花を点々と付ける。昔の人は一本を静御前に、もう一本を静の亡霊に見立てて面白がったようである。

花穂も三本以上ともなると、静というよりはむしろかしましいといった感じがする。その点、一人静はもの陰にひっそり生き、隠れた美しさをもった花といえるかもしれない。

いま目の前では、大きなブルドーザーが地響きを立てて大地を削り取っている。この可憐な野の花も、あと幾日か後には消されてしまうことだろう。なんとかこのまま静かにしておいてやれないものだろうか。

●空中に泳ぐ稚魚

3 ムラサキケマン

ケシ科

今年は桜の開花が例年より遅かったが、急に暖かくなったせいか、あれよあれよといっている間に散りはじめた。浮かれ気分で外出してみると、草花も一斉に咲きだしていた。道端で写真を撮っていると、立ち止まって見ていた年配のご夫婦「かわいい花ね。ツリフネソウみたい」。被写体はムラサキケマン。日本全土に自生するケシ科の越年草。名前は中国原産の華鬘草《けまんそう》に由来。華鬘とは寺の天井から吊す飾りで、花の形が似ていて紫色のため。別名ヤブケマン。

葉は柔らかくセリに似た深いきざみがある。何でも体験とばかりに口に入れてはみたが、あまりにも苦い。茎は五角形で、折ると水が滴り落ちる。

花は筒状でくちびる型をした紅紫色。茎の頂上にたくさん横向きに付く。少しの風でも前後左右に揺れ動くので、あたかも小さな魚が泳いでいるようにも見える。花弁は二個。上唇を開くと、雄しべが三本ずつ対になって雌しべを包んでいるのが分かる。また後方には尾のようなものが出ているが、これは距《きょ》と呼ばれ、中に蜜が入っている。

ムラサキケマン orydalis incisa　コリダリス「ヒバリ」。長い距の形に由来。インキサ「不整に深裂した」。

逝く春をむらさきけまん薄れけり　　佐藤知渋

この花は蜂や蝶などの昆虫の助けなしでも確実に子孫を残すことができる。自家受粉という巧妙な手段で種子を作るのである。果実は一・五センチほどの細長いさや（さく果）。果実は熟しても緑色をしているが、ちょっと触れただけでも突然ぜんまいのように外側に反り返り、黒い種子を遠くへはじき飛ばす。移動もできないか弱い草とはいえ、大した知恵の持ち主だ。

しかしこれだけで驚いていてはいけない。直径一、二ミリというこんな小さな種の一箇所に白いラードのような脂肪の固まりが点のように付着している。なぜこんな物が？　実はこの脂肪質のもの（種枕《しゅちん》またはエライオソームという）

はアリの大好物で、見付けると直ぐに巣に運び込む。ところがアリは好物だけを食べ、種は放棄してしまう。アリに種子を運んでもらう報酬として、こんな好物をいっしょに付けて飛散させているのかも知れない。

ただの雑草としか思われていないものにもこんな知恵の持ち主もいるのだ。もっと頭を低くして、もっと小さなものにも視線を向けてみると、意外な所で新しい発見と驚きに出会うものである。

●年に二度咲く変りもの…………キク科

4 センボンヤリ

穏やかな春の日差しに梢は萌黄《もえぎ》色に染まっている。尾根道から女性の声。「ねぇーちょっと、ちょっと、白いタンポポよ」。「わぁー可愛い！　でもちょっと変ね。葉にぎざぎざの切れ込みがないじゃない」。「でも花はタンポポそっくりね」。図鑑で調べていた一人が、「この花じゃない？　センボンヤリだわ」。初めて発見した喜びに歓声が上がった。

センボンヤリは日当たりの良い山地に見られるキク科の多年草。春と秋の二度花を付けるという変わりもの。春型は写真（上）のように五、六センチの花茎の上にタンポポに似た花を付ける。花弁は舌の形（舌状花《ぜつじょうか》という）をしている。その舌の先をよく見ると（写真では不明）三つに裂けており、裏側は淡紫色をしている。それで別名ムラサキタンポポとも呼ばれる。しかしこれはタンポポとは全く別の属。

タンポポの花は終わるとあとに白い冠毛《かんもう》ができ種子を飛ばすことができるが、春のセンボンヤリは花が終わればそれまで。これでは子孫を残すことができない。ところが夏の間、葉を大

春型

夏型

センボンヤリ
Leibnitzia anandria　レイブニッチアはドイツ人ライブニッツに因む。アナンドリアは属名転用「おしべのない」。

きく広げ、たっぷり栄養を蓄えて、秋にもう一度花をつけるのである。

秋型の花は春のとは全く異なり、開かずに閉じた形（閉鎖花《へいさか》という）で自家受粉し種子を作る（写真下）。この時期の葉は大きく、ガーベラの葉によく似ている。また花茎も五十センチから六十センチと春型のものより十倍も長くなる。一株から数本の細長い花茎が天を衝くように立つ。この姿から千本槍の名称がついた。初めて見た時にはどきっとしたものだ。野山を荒らすものは突き刺すぞといった無言の抵抗の構えであろうか。

やがて晩秋の頃、冠毛のパラシュートに乗った種子は遠くへと旅立って行くのである。

ヤリといえば、可愛い名前のスズメノヤリとか、物騒なスズメノテッポウといった面白い名前の草もある。

「こどもの国」近くの尾根道を歩いてみて驚いた。かつては一面が山林であった所が新興住宅化して、ビルがどんどん建てられている。この尾根道の斜面緑地も近いうちに宅地造成され、ここの自然も消えてしまう運命と聞いて一層悲しくなった。こんな可憐な花々が今なお息づいているこの貴重な自然を後世に残せないのであろうか。

●日本に一種だけの五輪花

5 レンプクソウ

レンプクソウ科

鶴見川に沿って歩いて行くと河川工事をしていた。下流から徐々に蛇行している箇所を真っ直ぐに改修している。この工事の始まる五、六年前までは、ミズキの枝が覆いかぶさり、竹などが生い茂っていて、いかにも自然の風情があった。

そんな三月のある日のこと、今までに見たこともない小さな草花を見付けた。茎の先端に黄緑色の花がかたまって付いている。よく見ると花は上向きに一つと、まわりに四つ付いているのである。

図鑑で調べてみると、レンプクソウ（別名五輪花）とある。上向きの花冠は四裂、雄しべが八本。まわりの四個はちょうど時計塔のように横向きに付いており、こちらの花冠は五裂、雄しべは十本ある。

このように一つの花茎に四数性の花と五数性の花を付けるということは大変珍しい。何とも奇妙な花もあるものだと驚いた。

名前の由来は、たまたま福寿草に長い地下茎が続いてきたのを見た人がはじめて連福草といい出したことによる。私もはからずも幸運に巡り合ったような嬉しい気分になった。

二月の中頃、根元から三裂した小さな葉を付けた根出葉が現われ、続いて花茎が出てくる。花茎は四角形で、中ほどに一対の小葉が付く。花にも葉にも麝香《じゃこう》の香りがするということから、この植物の学名にもなっているが、それがどんな香りか知らない私には、決していい香りとは感じられない。

背丈はわずか十四、五センチという小さな草で、地上に現われるのは二月から五月上旬というごく短い期間だけである。果実は付くがごく希。繁殖はもっぱら根元から横に長く延びる白色の糸状の地下茎による。また根元には白い紡錘形の玉があり、鱗片が二、三枚付いている。

レンプクソウはこれまで欧州と日本（近畿地方以北の本州と北海道）にのみ分布する一属一種で一科を作る単一のものとされていたが、近年中国で新種が発見され、三属四種になった。それでもやはり珍種の植物であることには変わりはない。急激な乱開発や環境の変化により、いまや多くの種がどんどん消えつつあるのは本当に残念なことである。

現在のところ、河川流域の一部でしかその自生が確認されていない希少植物だけに、生息地はぜひ保護していきたいものである。

レンプクソウ
Adoxa moschatellina　アドクサ「明瞭でない」。花が目立たないため。モスカテルリナ「じゃこうの香りのある」。

●釣糸垂らす怪奇な花

6 ウラシマソウ

サトイモ科

四月ともなると林の梢はさまざまな色彩の衣装をまとい始める。灰色がかった銀白色に包まれた樹木、ちょっと気になるので近付いてみると、何とコナラの新葉であった。隣の肌黒い木はクヌギで茶色の葉をしている。薄緑の葉ですっかり覆われているのはエゴノキで、爽やかな大気に触れ生き生きと映えている。早春の緑は樹種によって実に多彩である。そして一日ごとに色は少しずつ微妙に変化していく。さらにこれらの新緑とは対称的に、あちこちに点在するスギやシラカシの濃い緑が丘陵の風景をいっそう引き立ててくれる。

ところで日中も薄暗いこんな樹木の陰に生きている草がある。人目を避けるようにひっそり生きているマムシグサやその仲間のウラシマソウである。肌の紫色の斑点がヘビを連想させるためか、誰からも嫌われているようである。「これでもサトイモやミズバショウと同じ仲間なんですよ」と言われても手に触れて見る気にはなれないかもしれない。

ウラシマソウは浦島太郎の釣糸に因んで名付けられた。林の中で釣糸を垂れている姿を見る

果実は熟すと真っ赤になる。

長い糸をのばしたウラシマソウ。

ウラシマソウ　*Arisaema urashima* アリサエマ「フードの着いた植物」＋「血」の意。葉柄（ようへい）にある斑点に因む。和名のウラシマがそのまま学名になっている。

と、「浦島さん、きょうは何が釣れますか」と声をかけたくなる。

浦島草夜目にも竿を延したる　草間時彦

ウラシマソウの頭上に黒紫色のフードのような物が付いている。これは仏像の後ろに付いている光背《こうはい》に似ているところから仏炎包《ぶつえんほう》と呼ばれる。仏炎包の下半分は筒状になっていて、その中に円い棒のような花軸がある。そしてその先端からは外に長い糸を垂れ下げ、花軸の根元には花を付ける。といっても花弁のない裸の花、つまり蕊《しべ》だけである。別に恥ずかしいというわけでもないだろうが、筒で隠しているのである。ところでそれはオスかメスか？　ちょっと気に掛かる。実はその年の栄養状態の良し悪しによって、男性になったり女性になったり性転換するのである。植物にもこんな変わり者がいるのだ。

この草に近付くと腐ったような悪臭がする。ところがこの臭いが大好きなハエがいて、何処からともなく飛来してきて受粉の仲介をするのである。運よく結実すれば晩秋の頃には真赤な果実が見られる。多摩丘陵のマムシグサには仏炎包が緑色のもの（関東マムシグサ）と紫褐色のもの（紫マムシグサ）が見られる。

●木陰に生きる「おしん」

7 ハナイカダ

ミズキ科

雑木林の木陰や湿り気のある所でひっそりと生きている植物がある。その一つにハナイカダがある。これは葉の真ん中に花を付けるという変わりもので、一度見たらまず忘れることはないだろう。花柄《かへい》が葉の主脈に合着したものだ。花を船頭に、葉を筏《いかだ》に見たてたところからハナイカダと呼ばれる。ちょっとしゃれた名前だ。筏流しは今日ではほとんど見られなくなったが、多摩川では大正末期までゆうゆうと下って行く姿が見られたという。

ハナイカダはミズキ科の落葉低木。北は北海道西南部から南は屋久島に自生する。普通は庭に植えて観賞するような木ではないが、たまたま訪れた農家の老婆の庭にはそれがあった。

「ササ舟と一緒にハナイカダの葉を小川に浮かべて遊んだり、若葉を摘んで食べたそんな昔の懐かしい思い出があるから」と話す。「わしら子供の時にはママッコと言った」。丸い果実を米粒にたとえたものであろう。

「どうゆうわけかこれは実が付かないいんですよ」。花を見せてもらったらみんな雄花だった。「みんな男ばかりだからですよ。素敵な花嫁さんを探して来なくてはね」。「えー？　木にも男と女があるのかね？」。

ハナイカダは雌木と雄木が別（雌雄異株《しゆういしゆ》）で、両方がないと実が出来ない。葉の表面の中央に淡緑色をした三ないし四弁の小さな花を、雌花は普通一個（まれに二、三個）、雄花は数個かたまって付く。枝は何年経っても緑色をしており、もし地上部が枯れても根元からまた脇芽を出す強い生命力を持っている。

翌年の春、あの老婆のママッコのために挿木で殖やしておいた雌木を、「花嫁さんを連れて来ましたよ」と言って、届けてあげた。それから数年後、すっかり忘れていた頃に、一通の訃報が届いた。そこにはハナイカダを詠んだ句のひとつが添えられてあった。

実のひとつ流れ落ちたり花筏

「実のひとつ」とは老婆自身のことで、やがてくるべき死を予感したものではないかと私は解釈した。老婆は裏の小高い丘の上のヤブツバキの木の下に眠っている。墓前にはハナイカダが植えられてあった。

ハナカイダ　Helwingia japonica・属名はドイツの医師ヘルウイングの名に因む。

上：雄花　　下：雌木には球形の果実ができる

●愛児のように愛された花

8 ナデシコ

ナデシコ科

ある年の植物観察会の時だった。「ナデシコを探しているのですが、あるでしょうか?」と、中年のご婦人から尋ねられた。「カワラナデシコっていうので河原も探してみましたが、みつからないのです」。「子供の頃、母が作ってくれた浴衣が綺麗なピンクのナデシコの花模様だったのがとても懐かしく、本物のナデシコの花をぜひ見てみたいのです」とのこと。

東京近郊の山をあちこち歩いているが、秋の七草であるナデシコはもちろん、オミナエシもフジバカマも野生のものはほとんど見られなくなった。

私が多摩丘陵で、野生のナデシコを確認したのは一九八〇年頃で、その後ほとんど出会っていない。

ふと気が付いてみたら、まだ有ると思っていたのは映像と記憶だけで、実物はもうすでに消えていたのである。

しかし、だからといっていつまでも嘆き悲しんでもいられない。やっと涼しくなった九月初

ナデシコ　Dianthus superbus：ディアンツス「ギリシャ神話の神ジュピター Dios＋花 anthos」。ジュピター自身の花の意味。スペルブス「気高い」。

旬、犬も歩けばではないが探し歩いていたら、ふと農道ですでに消滅したと思っていたそのナデシコに出会ったのである。

花はすでに終わっており、灰色の円筒状の果実がこちらに二本、あちらに三本と立っていた。それはまさに感動の一瞬だった。

ナデシコはナデシコ科を代表する多年草。しかし多年草とはいえ、背の高い草に覆われたりすると、とたんに衰弱し枯死してしまう。農家の人が毎年土手の草刈りをしていたため、幸いにして生き延びてこられたのであろう。現在、その採取した種子で苗を育て、有志の方に里親になってもらい、再生と保護に協力していただいている。

撫子や堤ともなく草の原　　虚子

万葉の時代から愛児のようにこよなく愛され、撫子と呼ばれ、庭にも植えて観賞されてきたのである。当時中国から渡来した石竹を唐撫子と言い、日本のものを大和撫子と呼んでいる。この大和撫子という美名は、『古今集』の歌に最初に詠まれて以来今日までよく用いられてきたが、戦争中には悪用されて悲惨な目にあったこともある。本来は日本女性の清楚な美しさをたとえたものである。

花は、細長いすらっとした茎の先端に、一個または二個付き、ピンクの細かい糸で編んだレースのような花である。たいていは他の草の上に横たわっていて、妖艶な姿にも見えるそんな可憐な花である。

●氷の花も咲かせる不思議な草

9 シモバシラ

シソ科

明るい雑木林の小道を歩いていると、ふと木の陰に白いものが目に入った。疑心暗鬼に近付いて見る。シモバシラだった。九月にそんなものなどと驚かれる人がいるかもしれないが、実はシモバシラというシソ科の多年草である。背丈は五十～六十センチで、茎は四角形。たいていは斜めに傾いて立ち、背丈の割りには大きくて広い葉が対生に付く。

私がこの花に最初に出会ったのは高尾山で、まだ学生の頃だった。群生して咲いている姿は実に見事である。

九月の中・下旬頃、上部の葉のわきから長さ六～九センチの花穂《かすい》を出し、シソ科の特徴である唇形の小さな白い花をたくさん付ける。ところが花の付き方がちょっと変わっていて、すべて片方にのみ傾いて咲く。雄ずいは四本で花の外に長く突き出る。そのため花穂を横から眺めると、ちょうどブラシの毛のように見える。シモバシラの名前はこの花の姿からかと思っていたら、実はその正体は真冬にあった。

寒い冬の到来とともに、これまで緑だった茎はすっかり枯れてこげ茶色に変わる。十二月下旬から一月にかけて、気温が零下に下がった朝が絶好のチャンスだ。根元から数センチ上がったところまで白い氷の結晶、つまり霜柱ができるのである。この霜柱はまだ茎が緑のうちはどんなに寒くてもできない。かといって地表が凍ってしまってもまたできない。つまり草の地上部が枯れていて、地下の根がまだ活動しているうちだけである。

なるほど！　シモバシラという名称はこの現象を見て初めて納得。土壌水液が毛細管現象で茎を昇っていき、茎の細い裂け目から白い氷の花を咲かせたのである。一見アイスキャンディのように見えるが、触れてみると幾重にも重なった薄い氷の層で、ちょっと押すともろくも崩れ落ちる。やがて気温が上昇してくると、この氷の芸術作品ははかなくも解けて消えてしまう。

観察は早朝まだ日が昇る前が最適。同じ現象は数日間続くが、茎の裂け目が大きく割れてしまうとこの現象は止まってしまう。他にセキヤノアキチョウジ、テンニンソウ、ミカエリソウ、ヒキオコシ（以上シソ科）や、カシワバハグマ（キク科）などでも見られるが、「シモバシラ」にはとても及ばない。花が散った後も、枯れた茎に氷の花を咲かせるとはまことに不思議な草である。自然には不思議なことや神秘的なことがまだまだたくさんある。だから私はいつになっても自然探訪が止められない。

シモバシラ
Keiskea japonica　属名は本草学者伊藤圭介の名に因む。

上：シモバシラの花
下：枯れたシモバシラの茎にできた氷花

●寒中も緑の葉で生きのびる

10 カンアオイ……ウマノスズクサ科

雑木林の落ち葉の下で緑の葉を覗かせているのはカンアオイである。多摩丘陵一帯には多摩の地名がついたタマノカンアオイが自生している。これははアオイの仲間ではなく、ウマノスズクサ科の多年草。寒中でも葉が枯れずに緑色をしていて、葉の形がアオイに似ているのでこのように呼ばれている。

落ちる葉の積る薄日の寒葵　（自作）

タマノカンアオイは光沢のある濃い緑の葉で、葉脈《ようみゃく》が網目状にへこんでいる。花期は三月から五月。根元を探してみると花弁のようなものが三枚あり、その下に壺の形をしたものがついている。花弁に見えるものはがく片で、壺の形をしたものはがく筒である。この筒の内壁には細かい格子状の隆起がある。

カンアオイ（カントウカンアオイ） Heterotropa nipponica ヘテロトローパ「向きが異なる」。雄しべのやくの向きが異なっていることによる。

花とはいえ目立たないくすんだ紫色をしていて、ほとんど根元の葉の下か落葉の下に隠れている。たいてい一本の茎に一個ずつ付き、大きな株になると根元に十数個まとまって付く。花は日が経つと何か腐ったような臭いを放つ。実に変わった花もあるものだ。また葉や茎に傷をつけるとクスノキのような香りがする。

ところで、この植物は子孫をどうやって殖やしているのであろうか。もし種子の運び屋がいるとすれば地面を這うアリくらいであろう。よく見ると種子に白い脂肪状のもの（エライオソーム）が付着している。これはアリの大好物で、口にくわえて巣に運び、好物だけ食べて種子は外に放り出すのである。このようにして分布を広げていると考えられる。それにしても種子の移動の距離は知れたものである。前川文夫博士は、カンアオイの分布速度について「一万年一キロ説」を唱えている。それほどに移動の速度は遅いのである。

多摩丘陵には他にランヨウアオイ（花期は三〜五月）と、極く僅かにカントウカンアオイ（花期は十〜二月）が自生している。これらの姿を見る度に、何万年、何千万年という長い時間が一枚一枚の葉に凝縮されているように感じられるのである。このようなカンアオイの種類や分布状態から地質や地形の変遷を研究している人がいるという。

日に日に押し寄せてくる都市化の波で、丘陵にひっそり生きるこれらのカンアオイは子孫を残すことなく、やがて消滅してしまうのであろうか。

●自然を刻む振り子

11 ヤマハンノキ

カバノキ科

「おじさん何しているの」。女の子が二人うしろに立ち止まっていた。細い山道を三脚が塞いでいたのだ。「おじさんカメラマン?」「いや、そうじゃないが、いろいろな花を撮っているんだよ。あれ何に見える?」

ちょっと考えている様子だった。「しっぽみたい」。もう一人のほうは「手をぶらぶらさせているみたい」と言う。なるほど、人によって見方は違うものだ。ところで、その正体とは、ヤマハンノキの雄花のことである。

ヤマハンノキは、ハンノキやヤシャブシと共に多摩丘陵ではどこにでも見られるカバノキ科の落葉高木。

『万葉集』にでてくる榛原《はりはら》はハンノキを指すといわれている。古名ハリノキが転じてハンノキになったという。夏に枝・葉を大きく張る木だからという説もある。

学名アルヌスは「水辺の」という意味で、この仲間は湿地を好む。休耕田に先ず侵入してく

ヤマハンノキの花穂と球果　Alnus hirsuta　アルヌス「水辺の」。ヒルスタ「粗毛のある」。変種にケヤマハンノキ。右側に昨年の球果。

るのがヤナギの仲間とハンノキである。ヤマハンノキは山地に生えるから。

コナラ、クヌギ、シデ類などと共に武蔵野や多摩丘陵の雑木林を構成する主な樹種で、昔から薪炭として利用されていた。

葉は広い卵円形で、縁に不ぞろいのぎざぎざがあり、裏は灰白色（褐色の毛が密生するものをケヤマハンノキという）。別名マルバハンノキ。関東北部・東北地方ではハノキ、ヤチバと呼ばれている。

二月初旬の頃、まだ寒風が吹く寂しい林の中で、枝先から紫褐色をしたひも状の雄花が振り子のように揺れ動いているのが見られる。とても花とは思えない奇妙な姿をしている。

はんの木のそれでも花のつもりかな　一茶

この花穂《かすい》を手に取ってよく見ると、小さい花が多数群がっている。花といっても花弁はなく、がく片と雄しべがそれぞれ四個ついているだけである。やがて黄色い花粉を吹き出し、すぐ下についている雌花にその時機がやってくると優しく振りかけるのである。自然は何と絶妙な技を用いていることか。

やがて秋になると長だ円形で松かさ状の球果にできあがる。春になっても昨年のものがまだ枝に残っていることもある。五、六月頃、この葉を食べて育つ美しいミドリシジミが木のまわりに舞う。この小さな生命《いのち》の母なる樹を絶やさないよう見守っていきたいものだ。

●ザワザワ音を鳴らす木

12 ヤマナラシ

ヤナギ科

「この木肌、白いわね。シラカバかしら」。「それにしてはずいぶんあちこち黒いわね」。「空気が汚れているからじゃないの」。

初めて見たというご婦人たちにはいささか気になる木であった。白い肌に黒い縞模様。その名もヤマナラシというちょっと変わった名前の木だ。高さは五メートル以上もある。これはヤナギ科の落葉高木で、北海道から四国に自生するポプラの仲間。多摩丘陵の山林で時々見掛けるが、数はさほど多くはない。葉は卵形。表は滑らかで艶があり、裏は白い。またこの仲間がそうであるように、葉柄《ようへい》の形が左右から押しつぶされたように扁平になっている。そのため風に吹かれると、葉が左右に揺れて互いに触れ合いカサカサと音を立てる。秋風の吹く頃、これが五、六本もまとまって立っていると、サトウキビ畑ほどではないが、ザワザワという賑やかな音を振り撒く。こんなところから「山鳴らし」と呼ばれるようになったのであろう。

暖冬とはいえ一月は寒い日が続いており、野山の木々はまだ芽（目）が覚めない。ところ

ヤマナラシ　Populus sieboldii　ポプルスは「人民」の意。昔ローマ人がこの木の下で集会を開いたことから。シーボルデイは「シーボルトの」。

がネコヤナギだけは寒風に震えながらも銀白色の花穂《かすい》を覗かせている。しかしこちらのヤマナラシの尾状に垂れ下がった花穂はやや脹らんできてはいるものの、赤茶色の花が見られるようになるのは三月の末頃である。雌雄異株で雌木の花穂のほうがやや長い。果実は長卵形。熟すと裂けて、白い毛をつけた細かい種子を撒き散らす。

木の材質が軟らかくて軽いため、昔は箱を作ったり、マッチや爪楊枝《つまようじ》、下駄《げた》などに用いられた。それで別名ハコヤナギとも呼ばれる。

かつて宅地開発が行なわれた時、そこに自生していたネジキ、アオハダ、アオダモなど何種類かの樹木と共にこのヤマナラシも救出してもらい、住宅地脇の公園に移植してもらったのだという。

これは貴重な自然を残してもらいたいという、周辺住民たちの強い熱意に対する理解が得られた成果である。しかし今ではその当時の苦労を伝える「語りべ」はもうほとんどいなくなった。幸いにも移植された木々はみな元気に成長し、今年もまた新しい年輪を重ねている。

久し振りに例のヤマナラシに会いに行ったら、幹の上の方に丸い穴ができていた。恐らくコゲラの巣穴であろう。太さも材質も巣穴を作るのに絶好の木であったと思われる。

13 タヌキマメ

●丘陵から消えたタヌキ……マメ科

つい最近のこと。「夜になると、隣の藪《やぶ》の中から黒いものが庭に入ってくるんですが、何でしょうか」と、近くの新居に引っ越してきたYさん。好奇心に駆られ、早速待機することにした。ずんぐり肥った体を、そろりそろり、周りを警戒しながら忍び足で入ってきた。どうやら以前からこの周辺に住んでいた古ダヌキのようだった。

私が多摩丘陵の一角に住むようになってから、タヌキが住宅地に出没する話しは絶えることはない。また車にひき殺されたものも何頭かいる。「自然との共生」などと、格好のいい言葉を謳い文句に宅地開発が行われているが、実は口で言うほど容易なことではない。

丘陵からだんだん見られなくなったのは、タヌキやキツネばかりではない。その名もタヌキの名前の付いたタヌキマメという植物もいつしか姿を消してしまった。

タヌキマメ　Crotararia sessiliflora　クロタラリアはギリシャ語クロタロン「玩具のガラガラ」に由来。種子が熟すと振るとガラガラ鳴る。セシリフローラは「無花柄」。

日当たりのよい草地や丘陵地に自生していたが、多摩丘陵では一九八〇年頃にはほとんど絶滅したと考えられる。

幸いにして、ある里山で植物調査をしていた時、偶然そのタヌキマメに出会い、種を年々殖やし、興味のある方にお分けしている。

タヌキマメはマメ科の一年草。背丈は二十～四十センチくらい。七～九月に青または青紫の花を付ける。

マメ科は普通複葉であるが、タヌキマメは細長い葉一枚ずつ互生に付ける変わりもの。花が咲き終った後、黄褐色の長い毛で覆われたがくはさらに一センチほど伸び、果実（豆果）を包む。この毛むじゃらの膨らんだ果実の形がいかにもタヌキにそっくりなのである。

ある会合の席で、希少植物の再生と保護について話したところ、ぜひ育ててみたいという申込みが大勢あった。

そしてその年の九月末、S子さんから花の写真と手紙が届いた。

「蕾が膨らみ、ちょっと顔を出し始めました。今日は咲くかと朝から見ていたがだめでした。午後ベランダに出てみると、植木鉢に青紫色の花が開いていたのです。初めて見た花！　一センチほどの小さな可愛い花です。横から見ると口を開いたタヌキのように見えるのです。朝寝坊のタヌキは午後の陽射《ひざ》しに開き、夕方薄暗くなるともう閉じて眠ってしまうのです」。

これは実に貴重な体験である。自分の目で確かめることの大切さと感動の喜びがひしひしと伝わってきた。

●田んぼにタコが出た？

14 タコノアシ……ベンケイソウ科

十一月も下旬の頃になると、緑だった里山も美しい紅葉に衣替えする。青空を背景に黄色や赤茶色の葉、紅葉といっても千差万別。こんなにもいろいろと変化するものかと感動しながら眺めた。足元には実生から育ったコナラの小さな葉。これもまた鮮やかな輝きを放っている。時々空から落ち葉がひらひら舞い降りてくる林の小道を下っていくと、草で覆われた休耕田に出た。

「あそこに赤茶けたものが立っているが何でしょう？」。仲間の一人が草を踏みつけながら入っていく。「これ、タコノアシじゃないの」。「えー！　こんな所にタコがいるの？」初めて見たという人ばかりで、珍しそうにタコの足に触れてみている。「タコの足は八本でしょう。これは六本だよ」。「ひょとして外敵に食われたんじゃないの」。「面白い植物もあるもんだね」。

タコノアシはベンケイソウ科の多年草。湿地や河原、休耕田に自生しているが、環境の影響を受けやすい植物で、現在環境省の絶滅危《き》惧《ぐ》種《しゅ》のリストに挙げられている。

タコノアシ
Penthorum chinense　ペントルム「花が５数性の」意味。キネンセ「中国の」。

数年前、相模川で工事のため他の場所に移植したところ、ほとんど回復することなく死滅してしまったことがある。

花の咲く前の草の形は、帰化植物のセイタカアワダチソウにそっくりである。タコノアシの茎はやや褐色がかった黄色い肌で円柱形。背丈は六十〜七十センチ。花の咲き始める八月初旬頃、茎の先端の部分がタコの足のように枝別れし、やがて内側に黄白色の花が並んで付く。

花といっても花弁はなく、がくが五個、雄しべ十本と短い雌しべ五本がくっつき合っている。上から見ると星形をしており、熟すと裂けてこまかい種子を多数はき出す。しかし星のように無数の種子とはいえ、生き延びられるのはごく少数。生命《いのち》と環境の微妙な関係をタコから教えられた思いがする。

●花に化けたキツネ……ヒガンバナ科

15 キツネノカミソリ

川べりを歩いていたら土手のうす暗い木陰に赤いものが見えた。一体何だろうかと恐る恐る近付いてみるとキツネノカミソリだった。狐の剃刀《かみそり》！　なんとも奇妙な名前が付いたものだ。キツネという名の付く植物はキツネノテブクロ、キツネノボタン、キツネノマゴ、キツネノタイマツなど十数種類もある。それにしてもこんなに美しい花を咲かせる植物に何とも物騒な剃刀とは？

「キツネの七変化と申すはそのひとつ。葉の姿を消したと思うや花に化けまする。うかつに手を出そうものなら隠し剃刀で切られまするぞ。くれぐれもご用心ご用心！」という理由でこんな名前が付いたという訳である。草花といえば、たいていは春に新葉が出て、やがて花を付け、そして花の時期には葉も一緒に付いているのが普通である。ところがキツネノカミソリは早春に葉を出し、ヒガンバナによく似た細長い葉に生長するが、夏には枯れてしまう。しかしいつのまにか姿を消したかと思うと、やがてその後からいきなりにょきっと細長い花茎を突き出し、

二、三十センチほど伸びた茎の先端に、ユリに似た六弁のだいだい色の花を三〜五個、横向きに付ける。ちょっと変わった花だけに、地方によって呼び名もハコボシ、ハカケバナ、ハコボレグサ、ハッカケバナ、キツネユリ、キツネソウ、キツネバナなどいろいろ聞かれる。

道の辺に狐のかみそり咲いてあかし自動車すれすれに馳せすぎにけり　　前田夕暮

キツネノカミソリはヒガンバナと同じ仲間の多年草。これらは地下のラッキョウに似た球根(鱗茎)で繁殖し群生する。どちらもリコリンというアルカロイドを含み有毒である。キツネノカミソリは花後球形の果実ができるが、ヒガンバナは結実しない。ヒガンバナは花が終わった後に葉が出てきて、冬から春にかけて生長し、初夏には地上から姿を消す。葉を比べてみるとキツネノカミソリはやや広めで白っぽい緑色をしているが、ヒガンバナは濃い緑色である。

多摩丘陵にはまだタヌキは生息していて、人家の庭に入ってきたりしているが、キツネはほとんど見掛けなくなった。またこちらのキツネノカミソリの方も都市化が進むにつれてだんだん減少しつつある。現代のキツネにはもう化けてでる念力も無くなってしまったのかもしれない。

キツネノカミソリ
Lycoris sanguinea　リコリスはギリシャ神話の海の女神。サングイネア「血赤色の」。

●畦道に這うサギの花

16 ムラサキサギゴケ

ゴマノハグサ科

「いい写真撮れましたか」。背後からの声。「あそこにも綺麗な花が咲いているんですが、何ですか？」指さす方向へ歩いて行くと、畦道に淡紫色の花が一面に咲いていた。ムラサキサギゴケだった。

サギゴケは本来白花種に対する名称であるが、こちらの花は紫色であるため。

これは多年草で、四、五月頃、よく日の当たる田んぼの畦道や川辺の湿った所でよく見掛ける。

ラン科のサギソウは、白い花の形が羽を広げた鷺に似ているところから名付けられたが、こちらのサギゴケは、ほふく枝を出し地面を這うので鷺苔と呼ばれている。

これと同じ仲間でよく似たトキワハゼは一年草で、花はやや小さく茎が立ったままで、ほふく枝を出さないので区別は簡単である。サギゴケの花は上下二枚の唇形。下唇の方が大きく表

ムラサキゴケ　Mazus miquelii　マズス「乳頭突起」。花冠ののど部に突起があることから。ミクエリイはオランダの植物学者。

面には縦に二本のふくらみがある。その上には細かい毛と黄褐色の模様が付いている。

さて、しべはどこかと上唇をそっと持ち上げてみると、裏側に雄しべが四本（長いのが二本・短いのが二本）と、雌しべが一本隠れていた。

唇を触れ合っている花の姿を見ていると本当に微笑ましい。そこでちょっと悪戯《いたずら》してみるのも面白い。雌しべの先（柱頭）を見ると二つに裂けているが、その開いた口に先が細くとがったものでそっと突くと、たちまち口を閉じてしまうのである。

モウセンゴケやウツボカズラのような食虫植物でもないのに、なぜこんな運動をするのか不思議である。これは恐らく外から花粉が舞い込んで来たとき、センサーがいち早くそれを感知し、捕獲しようとするためかもしれない。それにしてもなぜこんな知恵というか機能を身につけるようになったのであろうか。

「これはエッチな花なんだよ。とても女性の前では口にできない名前だ」と、山形出身のKさんは笑いながら教えてくれた。花は植物学的には性器であるが、昔の人は実によく観察していたものだと感心させられた。

現在住宅地の中に僅かな田んぼが残され、子供たちの環境教育の一環として、イネの不耕起栽培が数年前から行われているが、ここには昔ながらの野草や昆虫や小動物が生きている。今日もカルガモたちの遊んでいる姿が見えた。

●木陰に生きる山ネコ

17 ヤマネコノメソウ

ユキノシタ科

キャンプ場入口手前の草地。女性たちがしゃがんで山菜摘みでもしているかと思ったら、指先で何やら触って見ていた。ヤマネコノメソウだった。動物のネコはあちこちをうろついているが、こちらの植物のほうは希にしか見られなくなった。やや湿った木陰や草地を好み、大変気むずかし屋で環境が変わるとすぐに絶えてしまう。

ヤマネコノメソウは小型の多年草。多摩丘陵には他にミヤマネコノメソウとその変種のヨゴレネコノメソウが自生する。最近は暖冬のためか二月初旬には花が見られる。とはいってもこのヤマネコの正体はよほど注意深く探さないと見付からない。花は実に小さいゴマ粒ほどのもので、黄緑色の小花が集まっている。虫めがねでやっと丸いがく片四枚（花弁はない）と雄しべ八本（ときに四本）、それから二本の花柱が反り返るように立っているのが観察できる。

茎の背丈は十四、五センチ。ネコほどではないが全体に軟らかい毛が生え、途中二、三枚の葉

ヤマネコノメソウ　Chrysosplenium japonicum　クリソスプレニウム「黄金の脾臓」、花の色と薬効を含むことから。ヤポニクム「日本の」。

が互生に付いている。葉は卵円形で縁にゆるやかなぎざぎざがある。茎も葉柄もたいへん柔和で手に取るともろく折れやすい。

　三月上旬頃、写真のような果実ができる。やや平たく左右不同の二つに分かれ、熟すとこのように裂ける。果実を上から見ると、まだ裂けないうちは横に入った細い線が、昼間のネコの目のようにも見え、また裂けると瞳孔《どうこう》が広く開いた目のようにも見える。こんなところからネコノメソウと名付けられた。言われてみればなるほどとうなずけるところがある。果実が二つに割れた形はちょうど皿のようになっていて、中に光沢のある茶褐色の小さな種子がたくさん入っている。ちょっと触れただけでも転がり落ちてしまう。やがてアリが活動し始めるとその大部分は彼らによって運び去られる。しかし親ネコは種子だけでなく、根元にむかご（珠芽《しゅが》）を残して地上から消えるのである。翌年の早春の頃、親ネコの周りにそれはとても可愛いとしか言いようのない子ネコが顔を出してくる。

ミヤマネコノメソウは、茎も葉も紫色を帯び、葉には白い斑が入っている。花はニリンソウやカタクリなどの花が咲く三月下旬、沢沿いや川辺で群落を作って咲いているのを見掛けることがある。移り変わりの激しいこの自然の姿を、ネコたちはどんな目つきで見ていることだろう。

ハチと共に生きる花

18

オドリコソウ

●春の野に踊る踊り子たち……シソ科

久し振りに近くの川へ行ってみた。あの可愛いオドリコソウに会いたくなったからだ。私がこの花に最初に出会ったのは、もう十五、六年も前のことだった。ところが残念なことに護岸工事ですっかり姿を消してしまっていた。どうしてももう一度会いたいと思い、その付近をあちこち探してみた。幸いに少し離れた土手のくさむらに数本見付けることができた。

踊子草咲きむらがれる坊の庭　青屯

踊子草の名の由来は読んで字の通り。茎の周りに輪になって咲く紅紫色、あるいは白い唇形の花が、あたかも笠をかぶった踊り子たちが踊っているように見えるからである。

オドリコソウ　Lamium album　ラミウムはギリシャ語「サメ」に由来。開いた花の形がサメの口を連想させる。アルブム「白い」。

ところでこの笠の形をした花、つまり上唇の裏側を覗いてみると、雄しべが隠されていることに気が付く。雨水から花粉を守っているのである。また下唇は水泳の飛び込み台のように突き出ていて、ハナバチなどが止まるのに大変都合よくできている。

彼らは花の奥にある蜜を吸うためにここに留って頭を深く突っ込む。その瞬間に隠れていた花粉が体につくというわけである。このように花は蜜を与える代わりに花粉を運んでもらおうという巧妙な仕組みを備えているのである。自然は実にうまく共存しているものだと感心させられる。

茎は四角形で、背丈は五十センチ以上にも伸び、やや丸みのある三角形の葉を対生に付ける。四月頃、茎の上部五、六段の葉の付け根の周りに下から順次七、八輪の花を咲かせるのである。そよ風に微かに揺れる踊り子たちの姿はまことに艶やかである。

踊子草と同じ仲間にヨーロッパ原産の姫踊子草がある。これは越年草で、日本へは明治の中頃渡来。まだ寒い二月頃から紅紫色の花を咲かせる。葉も淡紅色を帯び、道端や空地でよく見掛ける可愛い花である。花は日本産の踊子草のほうが大きい。

昔、子供たちはこの花の蜜を好んで吸っていたものである。そんなことから方言ではチュウチュウバナとも呼ばれている。これは多年草で地下茎を延ばし群落を作るが、一斉に咲いた情景はとても野の花とは思えない。根径は打身、腫物、また腰痛に効きめがあるとのことで古くから民間療法として利用されてきた。ときどき腰痛に悩むこともあるが、あの可憐な花を見るととても手を出す気にはなれない。

●日本産の黄色いサルビア

19 キバナアキギリ

シソ科

「黄色い花があったよ」。先を歩いていた小学生が大声で叫んだ。八月下旬に見られる黄色い花といえば、アキノキリンソウかヤクシソウくらいしか思い付かない。はたしてどんなものかと近寄って見る。

「あっ!」と驚く。最近ではあまり見られなくなったキバナアキギリだった。緑の葉と調和した美しい花だ。

「へびの口みたい」。子供の直感は鋭い。唇形の花弁を上下に広く開けた様子はいかにもそのように見える。

キバナアキギリはシソ科の多年草。葉の形がキリに似ていることに由来。日本海側には淡紫色の花を付けるアキギリが自生するが、こちらの黄花は本州・四国・九州の低地で半日陰のやや湿り気のある所を好む。

これは南米ブラジル原産のサルビアと同じ仲間。日本には明治二十八(一八九五)年に渡来した。緋紅色が最も一般的で、牧野富太郎博士は緋衣草と名付けたが、今日では属名のサルビアで通っている。因みにこの属は薬用になるものが多く「治癒する」という意味である。

一方、こちらのキバナアキギリは日本産のサルビアで、日本にはこんな美しい黄色のサルビアが自生しているのだ。茎は四角で、地表を這うように横に伸びる。先端の部分は上向きに立ち、唇形の黄花（ごくまれに白花）を穂《すい》状に付ける。花冠の長さは三センチくらい。筒の内側には細かい毛が生えている。さらに上唇の先端を見ると針のようなものが突き出ている。雌しべである。なぜこんなに長く突き出ているのか不思議だ。花の時期になるとハチたちがよく飛来するが、どうやらこれは筒の奥に蜜があることを教えるアンテナの役目をしているのかもしれない。それでは雄しべはどこに？　外からは見えない。何と上唇の裏側に隠されているのだ。ハチは平らな下唇を台にして頭を筒の中に突っ込む。ところが途中に紅紫色をしたのどちんこのような形をした扉がある。これは梃《てこ》仕掛けになっていて、押したその瞬間に隠されていた雄しべの花粉がハチの背中にぱっと付着する仕組みになっている。何と知恵の働く花かと感心させられる。

筒状の花の基部には、花が落ちた後も残存する大きながくがあるが、これも花をしっかりと支えるための知恵なのかもしれない。自然は本当にうまく出来ているものだ。

花の奥に扉が見える

ハチの背中に花粉がつく瞬間

キバナアキギリ
Salvia nipponica　サルウィアは薬草セージのラテン古名に由来。ニッポニカ「日本産の」。

●空中に浮く金魚

20 ツリフネソウ

ツリフネソウ科

八月の暑い日曜日の夜。知人から電話があった。「きょうの夕方、近くの山道を歩いていたら、くさむらに黄色いものがぶらさがっているのを見たんですよ」と、何か怪物にでも出会った口調。「どんな形をしていましたか」。「それが魚のようで、大きな口を開け、背中から釣糸でぶらさがっているようでした」。「それはキツネのちょうちんでしょう」。私は笑いながら冗談を言った。

これは黄色い花を付ける釣り船草で、名前はキツリフネ。ホウセンカと同じ仲間である。ツリフネソウの花は紅紫色で、日当たりのよい川べりなどの湿った所でよく見掛けるが、こちらのキツリフネは木陰や半日陰を好むようだ。ツリフネソウの茎は花と同じ紅紫色をし、先端から花柄を突き出して花を付けるが、キツリフネは茎も葉も白緑色で、花は葉の付け根から垂れ下がった花柄の先に付ける。

花は両者ともほぼ同じ形をして大きな口を開き、腹をふくらませて、空中に浮かぶ金魚といっ

上：キツリフネ
Impatiens noli-tangere
インパチエンス「耐えられない」。ノリタンゲレ「触るな」。

下：ツリフネソウ
Impatienst extori Miq.
テクストリー「人名」。

た格好だ。実に奇妙な花もあるものだ。腹を指で押してみると、左右に二枚と頭部に一枚の花弁があり、中に五本の雄しべがあるのが見える。尾びれのように後ろに付いているものはがくの一つで、筒状の先端が下に曲がっている。なぜこんなものがくっついているのか、いままで不思議でならなかった。

そんなある時、風に揺れる花にみとれていたら、突然ハチがあの大きな口から奥のほうまで潜り込んでいった。はっと気が付いた。あそこには蜜が隠されていたのだ。ハチが潜り込んだとき、体に花粉をつけて運んでもらおうという仕掛けだったのである。ところがこの筒の中に潜れない大型のクマバチなどは筒の横腹に穴をあけ蜜だけをかすめ取ってしまう。実に賢いハチもいるものだ。

キツリフネはさらに生き残り作戦として、まず最初にできた蕾は花を開かない、いわゆる閉鎖花という状態で、早々に種子を作ってしまう。実に巧妙な手段を持った不思議な花である。

しかしこれだけで驚いていてはいけない。ツリフネソウの仲間はどれも種子が細長いさやに包まれており、熟すとちょっと触れただけでも破裂し、種子を遠くまで弾き飛ばすのである。それもそのはずこの仲間の学名は「耐えられない、気短かな」という意味で、熟した果実にちょっと触れただけでカッとキレてしまう性質の持ち主なのである。

●山道を照らすチョウチン

21 ホタルブクロ

キキョウ科

緑に覆われた林を通って明るい山道に出ると、見事なホタルブクロの花に出逢った。灯明がともったように急に足元が明るくなる。この花には子供時代の思い出が詰まっている。指で花口を包み込み、片方の手でたたく。あるいは息でふくらませた袋を口先でくわえ、両方の手のひらでたたくと「ポーン」と、さわやかな音を立てて裂ける。こんな音遊びをしたという近所の老婆から、この辺ではポカンバナとかポッカンバナと呼んでいると教えられた。

ホタルブクロはキキョウ科の多年草。最近ではホタルはもちろんホタルブクロもめっきり少なくなったのは本当に淋しい。

ホタルが飛び交う時期に咲く花だからホタルブクロだとか、この袋にホタルを入れて遊んだからだとか諸説がある。それでホタルで実際に試してみた。袋の口を上向きにして指で押さえておけば入れておけるが、口を下向きにすると内側に細かい毛が生えているため、すぐに滑り落ちてしまった。しかしホタルの光は幻のように点滅していた。また一説には花の形がチョウチンに似ているところから「火垂《ほた》る袋」と呼ばれるようになったという。たしかにこの花をチョウチンとかチョウチンバナと呼ぶ所が全国各地にある。特に白花は墓地に飾られる白いチョウチンの連想からソーシキバナ、ソーレイバナ（葬礼花）とも呼び、忌み嫌う所がある。また釣鐘草、風鈴草といった詩的な名前もある。

かはるがわる蜂吐き出して釣鐘草　島村　元

花の頭部についている緑の帽子に注目！　これはがくと呼ばれ、五つに裂けている。そのがくとがくの間にそり返ったものが付いている。もしそり返りがなければ、変種のヤマホタルブクロである。雄しべは五本で、開花するとすぐに花粉を出す。それから二、三日遅れて、棒状の雌しべの先端が三つに裂け、外からの花粉を受け入れる仕組みになっている。これは自家受粉を避けるための巧妙な手段なのだ。

子供たちはこの花を指しながら「これは男か、女か？」と言いながら性別を当てる遊びをしたりする。雌しべの先がとがっていれば男、裂けていれば女だ。ちょうど性にめざめた頃の子供たちのあどけない遊びでもあった。子供たちは自然と触れ合い、そして親しみながら自然の仕組みや自然への愛を、無意識のうちに学んでいたのである。

ホタルブクロ　Campanula punctata　カンパヌラ「小さな鐘」。プンクタタ「斑点のある」。写真はヤマホタルブクロ。

●繁栄と長寿の縁起もの……ウラジロ科

22 ウラジロ

閑散とした雑木林。冬とも思えない温暖な師走の日曜日。落ち葉を踏みながら山道を歩く。

「これウラジロじゃない?」仲間の一人が後から声をかけた。引き返してよく見ると、まさにその通り。多摩丘陵ではごく希にしか見られないシダ植物である。「正月の飾りに使うあれですか」。自生しているのを見たのは初めてというMさん、しきりに裏表をひっ繰り返して見ている。「なるほど!」ひとりで感心している。「飾りのあのシダは裏側なんですね。白い葉をしたシダがあるとばかり思っていましたよ」。

シダの語源は「下垂《しだ》れる」という意味に由来する。シダ類には胞子葉《ほうしよう》と栄養葉の区別があるもの(ゼンマイ、ハナワラビなど)と、栄養葉の裏面に胞子を付けるもの(ウラジロ、ワラビなど)の二種類がある。ウラジロは別名歯朶《しだ》、穂長《ほなが》、山草《やまくさ》などとも呼ばれ、関東以南の暖地に

ウラジロ　Gleichenia japonica　属名はドイツの植物学者 F・W・グライヘンの名に因む。

自生する。根茎は長く地中を這い、根茎《こんけい》から黒褐色の円柱状の葉柄《ようへい》を伸ばす。そしてその葉柄の頂端から葉片が二股《ふたまた》に分かれて付く。ここまでが初年度の成長過程。やがてその分岐点《ぶんきてん》に芽ができ、翌年その芽が伸びてまた新しい葉片が一段上に出来上がる。ちょうど五重塔の屋根のように一段一段上に重ねていくのである。葉の表は緑であるが、裏は分泌された蝋で白くなっている。

この二股に分かれた葉があい対しているのを諸向《もろむき》と称してこれを夫婦の和合にたとえ、裏が白いところから共に老いて白髪になってもなお長寿でありますようにと願ったのであろう。ウラジロはまた常緑で段をなして生長し、末広がりに伸びるところから一家繁栄・商売繁盛の縁起ものとして正月のお飾りとして利用されるようになった。

裏白や齢かさねし父と母　羽公

縁起ものとしてウラジロとダイダイ、あるいはユズリハとダイダイの組み合わせで飾られることもあるが、これは家業や財産を代々譲り継ぐという長年の伝統や風習から行われてきたのであろう。しかし今日では激しい遺産の分与（分取り？）とか核家族化による生活形態の変化などで、この風習の意味もだんだん薄れかけている。ちょっと寂しい気がする。かつては丘陵地のあちこちに自生していたが、宅地開発や道路建設で消滅してしまった。移植も試みてみたがほとんど枯死してしまった。

● 庶民が夢みた小判のなる木…………ヤブコウジ科

23 ヤブコウジ

藪柑子《やぶこうじ》はやぶかげに生えるこうじのこと。柑子とはミカンのことで、葉がミカンに似ているからだという。地方によってはヤマミカンとかヤマリンゴなどと呼んでいる。しかし果実は甘くも酸っぱくもない。

「子供の頃、冬の間よくあの赤い実を使って野鳥を捕らえる餌にした」と、畑仕事をしていたTさんは言う。

ヤブコウジは日本特産の常緑小低木。北海道から琉球までの山林の樹陰に自生する。高さは十〜二十センチ。葉は厚味のあるだ円形。上部に三〜五枚輪生状に付く。地下には長く這う根《こん》茎《けい》があり、少し紫色を帯びている。漢名の紫金牛《しきんぎゅう》はこの根の色に由来。『万葉集』にはヤマタチバナ(山橘)として現れる。果実が冬にあのように美しい紅色になるのに、花のほうはいたって地味だ。七、八月頃、白色五弁の小さな花を下向きに開くので案外気が付かない。花が終わると、後にごく小さな緑色をした丸い実ができるが、十月下旬頃になると赤くなり、だんだん輝きも増してくる。そしてどうかすると翌年の花の時期まで付いていることがある。一年中葉は緑で果実が美しい紅色であるところから、すでに万葉の時代から観賞されており、歌にも詠まれている。

江戸時代頃からは、めでたい木として正月の床飾りにしたり、婚礼の酒樽や銚子などの飾りに添えられたりした。また植木鉢に福寿草やフキノトウと一緒に植え込み、正月の飾り物として売り出されている。

藪柑子の赤きつぶら実鉢にしてそのくれなゐをいつまで保つ　　鈴木光子

ヤブコウジと同じ仲間にマンリョウとカラタチバナがある。いずれも赤い実が付き正月の飾り物に用いられる。雑木林で見掛けることがあるが、小鳥が運んだものであろう。

万両といえば千両を思い出すが、こちらのほうは別の科でセンリョウ科に属し、これは暖地性の植物で多摩での自生は見られない。「千両、万両ありどうし」という言葉があるように、今日でもこの両者は飾り物に用いられている。さらにカラタチバナを百両、ヤブコウジを十両と、これらの葉の形を小判に見たて、またつぶらな赤い実は繁栄と幸福をもたらすものとして、江戸時代には庶民の間で大変もてはやされ、正月のめでたい飾り物に祭りあげられてしまった。

上：マンリョウ
下：ヤブコウジ
Ardisia japonica　アルディシアは「矢先・槍先」に由来。雄しべのやくの形が似るところから。

●吉事あれば花開く

24 キチジョウソウ……ユリ科

ある日曜日の朝のこと。「テレビを見ていたらキチジョウソウという花の絵が出ていたんですが、この辺にありますか」と、近くに住む友人から電話。「どんな花か実物を見てみたいので、有ったら教えてください」とのことだった。そう言われてみると、それらしきものが我が家の裏の竹藪にあるのに気が付いた。しかし花がないと、葉を見ただけではヤブランとよく似ているので間違いやすい。キチジョウソウは、漢名の吉祥草がそのまま和名として使われ、文字通りめでたい花とされている。

これはユリ科の常緑多年草で、関東以西のやや日陰の林に見られる。家に吉事《きちじ》あれば自ら花開く、という中国の故事によったもので、昔から縁起のよい花として庭にも植えられてきた。

花は十〜十一月頃。葉の根元から一本の花茎《かけい》を出し、十個ほどの淡紫色の花を穂《すい》状に付ける。

花は両性花（雄ずいと雌ずいが備わっている花）。しかし花穂《かすい》の上の方の花は不思議なことに雄花だけである。果実は紅色の丸い液果《えきか》で、翌年の秋まで残っていることがある。

キチジョウソウ　Reineckia carnea　ライネッキア「ドイツの園芸家 H.I. ライネッケ」。カルニア「肉紅色の」。

ひそやかに陽のさしてゐる吉祥草　棗　美紗子

ヤブランは一株ごとに独立しているが、キチジョウソウは地上を這う長い茎を延ばし、五、六センチ間隔に根を下ろし細い葉を出す。寒さに強く、冬も枯れずに緑色を保ち、地上を這ってどんどん延び、そして赤い実をつけるところから繁栄と吉事の縁起物として、ちょうどヤブコウジやマンリョウと同じように江戸時代から愛でられていた。

花が咲く咲かないは、そこの環境や栄養状態と関係があり、一度咲いた株は翌年は休むとか、日当たりが良すぎると葉が黄色みを帯び成長が悪くなるということがある。殖やすには、地上を這う茎を切り取り、一株ごとに分けて植えればよい。しかし花が咲くのは、早くても二、三年後。花付きはいいとは言えない。そんなことから「吉事あれば花開く」と言われるようになったのであろう。

また他に、富貴草《ふっき》(ツゲ科の常緑小低木)というのがあるが、この別名が同じく吉祥草という。実に紛らわしい名前だ。それでこちらをキチジソウ、またはキッショウソウと読ませている。木陰で花も実も目立たないこんな地味なものでも、めでたい名前のお陰で、縁起物に祭り上げられているのである。

●豊作を祈願しただんごの木……ミズキ科

25 ミズキ

川岸を歩いていたら崩れかかった崖の高い所に一本のミズキが立っていた。十五メートルもあろうか、寒空に向かってたくましく四方に枝を広げ、堂々としたその姿に感動。

さむき日の光の中に滴りて水木は立てりわれも来てたつ　　生方たつゑ

梢の枝は鮮やかな紅色に染まって美しい。じっと見入っているうちに、ふと子供の頃の正月を思い出した。

山からこの木の枝を採ってくると、父はその枝いっぱいに小さなだんごをいくつも房状に付けた。白いだんごの花ができ上がると、神棚の前に飾り、うやうやしく柏手を打った。そのあとで母はあんこや黄粉《きなこ》をまぶしただんごを子供たちに気前よく振舞うのだった。

ミズキはミズキ科を代表する落葉高木。三月初旬、盛んに水を吸い上げるため、枝を折っただけで水がしたたり落ちる。語源はこれに由来する。漢名は灯台木。

ミズキの幹をよく見ると枝が車軸状に付き、一段一段層をつくって伸びていくのが分かる。特に一本だけの木立ちの場合、ちょうど五重塔のような均整のとれた美しい形を作る。

ミズキの冬芽は鱗芽《りんが》（うろこ状の外皮で被われた芽）で枝は互生に付き、早春の枝先は紅色に染まる。花は五月頃、枝先に小さな白い四弁の花をたくさん付ける。花が終わると緑の丸い果実ができ、初秋の頃には黄色に、そして熟すと紫黒色になる。ヒヨドリが特にこの実を好み群れをなして飛来する。葉は紅葉ではなく黄葉になる。

一方、これと類似のクマノミズキのほうは裸芽《らが》（外皮がない芽）で対生。枝先は灰褐色。花はミズキより約一月遅れの六月。

昔、多摩丘陵周辺の農家では、新築するとき棟木《むなぎ》にはミズキを用いたとのことであるが、これは火災予防の縁起からだという。

この材は軟らかく加工しやすいので小道具やコケシなどの細工物に使われている。関東や東北地方では、ダンゴノキとかダンゴギと呼ばれているが、ミズキとだんごのこの関係は恐らく稲作に欠かせない水と、枝先につけただんごを稲穂または繭《まゆ》玉になぞらえ、その年の豊作を祈願したものであろう。農業がだんだん遠のいていく昨今、この木の名前も風習もいまや忘れ去られようとしている。

ミズキ

Cornus controversa　コルヌス「角」。コントロベルサ「疑わしい」。

上：小さな花がたくさんかたまって上向きに咲く。
下：冬の木立。段をつくって枝を四方に張り出す。

●豊凶を占った花

26 コブシ

モクレン科

雑木林の枝々に春の新しい芽吹きが生き生きと感じられる四月初旬、ひときわ目に付くのが山桜の紅色とコブシの白い花である。

コブシは北海道から九州までの山地に自生する落葉高木。枝を折るといい香りがする。最近は町の街路樹にコブシを植えている所もある。町の人たちにまずは早春の香りを楽しんでもらおうという、行政の配慮であろうか。ホオノキ、モクレン、タイサンボク、タムシバ、オオヤマレンゲなどと同じ仲間である。コブシという名前は拳《こぶし》の形に由来する。秋十月頃、ちょうど握り拳のかっこうに見える約六～八センチのいびつな円柱形の果実（袋果）ができるからだ。熟すと裂けて中から赤い種子が現われ、白い糸をつけて垂れ下がる。この実を噛むと辛い。それでコブシハジカミとも呼ばれる。古名はヤマアララギ。他にイソザクラ、シロザクラ、コブシモクレン、コボシなどと呼んでいる所もある。多摩丘陵周辺ではヤマモクレンと言っている。

コブシ
Magnolia kobus　マグノリアはフランスの植物学者P. マグノルに因む。コブスは和名コブシ。漢名「辛夷」は中国ではモクレンを指す

一弁のはらりと解けし辛夷《こぶし》かな　　富安風生

コブシの蕾をよく見ると、細かい毛で覆われており、皮革のように堅い外套（包《ほう》）で包まれている。これで雨水をはじき、外の寒さを防いでいる。これだけで驚いてはいけない。さらにその下に羽毛のように軟らかい毛が密生した緑色の下着（がく）が三枚、花をしっかりと抱きかかえているのだ。寒さに耐えて生き長らえてきた花の知恵であろうか。自然の仕組みは実に巧妙に出来ているものだと感心させられる。花は白く見えるが元の方は淡い紅色を帯び、どことなくなまめかしい。

昔、農家の人たちはコブシが咲いたら苗代作りを始めた。また花の咲く様子や数の多少によってその年の天候や収穫を占ったりした。畑の片隅にコブシの木が二本植わっていた。尋ねてみると、この里山一帯が近いうちに開発が始まるというのでここに移植したのだという。はたしてどんな年になるものかとしげしげと花を眺めてみた。この地域には大変貴重な植物である夕マノカンアオイやラン科の植物が自生し、夏にはホタルが飛び交う大変自然に恵まれた所である。開発行為にはとかく争いがつきもの。やたらにコブシを振り回すことなく冷静に長い時間をかけ、人間と自然との調和をよく考えながら事を進めてもらいたいものである。

27 ツルボ

●命を救った球根　……ユリ科

深い草むらの中にひときわ目立ったツリガネニンジンの花。紫色の小さな鈴を吊り下げ、風に揺れている。急に目の前を風を切るように飛び去って行くギンヤンマ。ここはまだ自然が生きているなあと実感する。日当たりのよい土手にツルボの群落。淡紫色のじゅうたんを一面に広げたようだ。

ツルボは日本全土に自生する多年草。葉はキツネノカミソリの葉を短くした感じで、表面が少しくぼんでいる。また紫色を帯びているのですぐ見分けがつく。葉は春と秋二回出るという変わりもの。春の葉は夏には枯れ、秋には二枚の葉の間から細長い花軸を出す。花被片六枚、雄しべ六本、雌しべ一本。淡紫色の小さな花をたくさん穂《すい》状につける。地下にはウズラの卵くらいの大きさの鱗茎《りんけい》があり、外側の皮は黒褐色をしている。

ツルボ　Scilla scilloides　スキルラ「ツルボ属」。スキルロイデス「スキルラに似た」。元バルナルディア属だったが移されたため妙な学名に。

語源は不明。別名スルボ。また花穂《かすい》の形から参内傘《さんだいがさ》とも呼ばれる。ここで思い出したことがある。新撰組で有名な小島資料館所蔵の「小島日記」を研究している方から「天保八年四月九日の日記に、オショロという植物がでているのですが、どんなもでしょうか」という問い合わせの電話があった。「お女郎ですって？」年のせいか耳が遠くなった。恥ずかしながら聞き返した。「文面ではおしおろとなっていて、これをスイカズラ、スカンポ、ササの葉と一緒に三日間煮た後、ハナダイズの粉と混ぜ合わせてだんごにして食べたようです」とのこと。早速、あちこち調べてみた。秩父と入間、八王子、津久井でオショーロと呼ばれているものがツルボのことであることが分かった。この球根(鱗茎)にはイヌリンなどが含まれているため、水でアク抜きをしてから食べていたことも分かった。生きるために草の根も食べていたのである。天保の飢饉《ききん》（一八三三〜三六）はもうすっかり忘れ去られているが、これまでに幾度となく飢饉があり、その度に多くの餓死者が出たことを歴史は語っている。

つるぼ咲き曇れる土にものかげ無し何代ならぶ大名の墓　植松寿樹

八月十五日は終戦記念日。半世紀以上も前のこと。だれが今日のような豊かな時代がやって来るなどと想像しただろうか。

過去の苦労や悲劇を子供や孫に語り継ぐ人もだんだん少なくなってきた。せめてこんなことだけでも茶の間の話題にしていただければ幸いである。

●法令で植えさせた木
28 リョウブ
リョウブ科

七月のある日曜日、写真を撮るために農道を歩いていたら「裏山にサルスベリがあるから見ていきなよ」と、農家の人から話し掛けられた。「サルなら見てみたいが、サルスベリなら珍しくもないね」。「いや、それが白い花で、この辺では珍しい木なんだ」。指差す方を見るとどうも枝の張り方がおかしい。根元に近付いてよく見ると、なるほど幹はサルスベリのように赤茶色で薄くはげ落ちた所もあるが、葉と花の形が全く違う。八王子市や町田市辺では、リョウブをサルスベリと呼んでいることを初めて知った。他の木は伐ってもこれだけは大切に残しておいたのだと言う。「女性の肌のように滑らかで美しいですね」と、幹をなでながら褒めると、笑みを浮かべてご満悦の様子。樹皮が美しいため床柱や建築材料に用いられているとのこと。

リョウブはリョウブ科の落葉低木。北海道から九州までの山地に自生。最近では公園や庭などでもよく見掛ける夏の花木の一つになっている。

リョウブ　Clethra barvinervis・クレートゥラは元ハンノキ属。葉形が似ることからリョウブ属に転用。バルビネルビス「脈に毛のある」。

葉はやや長めのだ円形で、枝先の部分に五、六枚まとまって付く。花は枝の先端に長さ十センチほどの花穂《かすい》を四、五本出し、ちょうど梅の花を小さくしたような五弁の花をたくさん付ける。緑の林の中で白く群がって咲くので一際目《ひときわ》立つ。

古名はハタツモリ。白い旗を集めたように見えるところから、牧野富太郎博士は「旗積り」と説いているが、『大言海』は「畑之守」の意味としている。これは昔、田畑の面積に応じて法令でこの木を植えさせ、若葉を摘んで飢饉《ききん》に備えさせたからだという。またリョウブという呼名は漢名の令法が転化したものだともいわれている。東北地方の方言ではサダメシとかサンナメシと呼ばれている。

春に摘んだ若葉は蒸して乾燥させて保存して

おき、凶作《きょうさく》の時にはそれを水で戻し、穀類などと混ぜて飢えをしのいだようである。こうしてかろうじて命をつないできた人もいたのである。すでに鎌倉時代の『夫木《ふぼく》和歌抄』にこんな歌も詠まれている。

里人や若葉摘むらむはたつもり外山も今は春めきにけり

今日ではもうそんなことなど知る由もなく、庭園を飾る花木として愛でられている。間もなく白旗が夏風にはためく時がやって来る。

Ⅵ 自然はへそ曲がり

●幹がねじれる変わりもの

29 ネジキ

ツツジ科

久し振りに団地裏側の小道を登ってみる。ホオの花の甘い香りが漂ってきた。扇のように広げた枝はミヅキだ。白い花ですっかり覆われている。ふと頭上から白いエゴの花が二つ三つ妖精のように舞い降りてきた。

団地に出る細い道に沿って行くと、ここにも白い花が咲いていた。ドウダンツツジに似た釣鐘状の花を一列に十〜二十個も付けている。枝が低いので寝そべって写真を撮っていると、「可愛い花ね。これ何ですか」と、通りがかりのご婦人。「幹をご覧になれば分かりますよ」。「あら！ねじれているわ」。「それでネジキっていうんですよ」。「何度も行き来していたのにちっとも気が付かなかったわ。木はみな真直ぐだとばかり思っていたら、こんなねじれた木もあるのね」。

ネジキ　Lyonia ovalifolia　リオニアはアメリカの植物学者 J. リヨンに因む。オバリフォリア「広だ円形の葉の」。

不思議そうに首を上下しながら見つめていた。花や葉がなくてもこの幹を見ただけで、曲がった筋が付いていて表皮ががさがさしているので、他の木との見分けは容易である。

ネジキ（捩木）はツツジ科の落葉低木。かつてここに高層マンションが建つ前に、近くの住民が会社と交渉して移植してもらったものだという。ねじれた木といえば、シャシャンボという常緑の低木があり、草ではネジバナやネジアヤメというのもある。人間にだってへそ曲りな人がいるのだから、ねじれた木や草があっても別に不思議なことではない。

花は初夏の頃、前年に伸びた枝のつけねに付け、葉は卵形またはだ円形で、秋には鮮やかな紅葉を見せる。美しいのは紅葉だけではない。今年出た新しい枝は、落葉したあと、赤く塗り箸のように美しい色に変わる。それでヌリバシという別名もある。雑木林の中で、伐採された木の根元から紅色の細い若木が何本も出ているのを見たときには、これは一体何の木かと驚いたものである。

昔、女の子たちはこのヌリバシを使い、白い花を飯粒にみたてて、ままごと遊びをしていた。そんなことからこの木をメシツブノキと呼んでいる所もある。また各地でカシオシミ（「樫のように硬い炭」が訛ったことば）とも呼ばれているが、漆《うるし》の研ぎ出し用にこの木炭が使われていた。へそ曲がりな木といわれながらも、この材からは櫛やコマなども作られていたのである。

この木は日光を好む低木だけに、日陰ものにされると花はつけず枝は枯れてしまう。環境の変化で減少しつつある樹木のひとつであるだけに、ぜひ絶やさないようにしたいものである。

●忍ぶ恋の花……ラン科

30 ネジバナ

団地の芝生の中にピンクの可憐な花を付けたネジバナが何本も立っていた。こんな所に自然に生えたとはちょっと考えられない。おそらく芝と一緒にどこかから来たものであろう。しかしここは最高の住処《すみか》のようだ。

ネジバナはラン科の多年草。植物学上の名称はモジズリ（捩摺）であるが、一般にはネジバナ、ネジリバナ、ネジレバナと言っている。花は左巻きもあれば、右巻きもある。希に真っ直ぐに付くのもあるが、とにかく他の花からみればへそ曲りな付き方である。

それにしてもなぜあんなふうにねじれて付くのであろう。博学なYさん「恐らく譲り合いの心から下の花とぶつからないように、少しづつ横にそれながら次々と上に花を付けていくためじゃないかなあ」。それにしても変わった花もあるものだ。そういえば、ネジアヤメという、葉が二、三回ねじれるものがある。また幹がねじれるのでネジキという木もある。人間にだって、ねじくれる人やへそ曲りの人がいる。これが自然なのだと思うと、自然には面白いことがまだ

モジズリ　Spiranthes sinensis　スピランテスは「らせん＋花」。シネンシスは「中国の」。

まだたくさんある。

モジズリの由来は、昔、陸奥国《みちのく》（福島県）信夫《しのぶ》郡から産出した忍草の茎や葉などの色素で、木綿や絹に捩れたように模様を摺り染めたものを献納していたが、ちょうどその模様に似ているところから名付けられたという。

みちのくの忍ぶもじずり誰ゆえに乱れそめにしわれならなくに　河原左大臣

［口訳　みちのくの忍ぶもじずりの乱れ模様のように、私の心はだれのせいでみだれはじめてしまったのか。私自信のせいではない（あなたゆえの）ことなのになあ］。

これは百人一首に入っているお馴染みの歌であるが、この歌からネジバナはまさに忍ぶ恋を連想させる花といえる。

花をよく見ると花被片《かひへん》は美しいピンク色に染まっているが、唇弁だけは白く、先端が下に反り返っている。中を覗くと細かい毛が密生している。花は多いものになると四十個もつき、細い茎の周りを一段一段らせん階段を昇っていくように可愛い花を開いていく。そして頂上の花が咲き終わるまでには二週間ほどかかる。こんな可愛い花を見ると、つい摘み取りたくなるが、この花粉に触れるとかゆくなったり、赤く腫れることがあるので特にアレルギー体質の人は要注意。

地下には紡錘形の太い根茎が数個ついていて、地中深くくい込んでいる。夏の暑さ、冬の寒さに耐えるための知恵なのかもしれない。

●翼をつけた不思議な木……ニシキギ科

31 ニシキギ

ニシキギはツリバナやマユミと同じ仲間で、ニシキギ科を代表する落葉低木。枝の両脇に細長い翼が付いているのですぐ見分けがつく。全身に翼をまとったこの木をじっと見ていたら、あのギリシャ神話のイカロスのように太陽を求めて空高く飛んでみたかったのではないかとふと想像した。

秋の紅葉だけでなく実も赤々と燃えるその姿は実に見事だ。果実は一〜二個くっついてでき、はじけると朱赤色の種子が現れる。

錦木の秀《ほ》つ枝もみぢに照り残る日ざししづかにうすらぎてゆく　谷　鼎

しかし春から夏にかけては全く目立たない存在。花は五〜六月頃。淡黄緑色の小さな四弁の花をまばらに付ける。葉は対生でつやのない卵形。翼は葉の出る方向と一致しており、節目ご

ニシキギ　Euonymus alatus　エウニムス「良い＋名」良い評判の意。アラツス「翼のある」。

とにその方向が変わる。つまり最初の節目の翼が左右ならば、つぎの節目の翼は九〇度曲がって上下に出るといったぐあいである。ただし新しく出たての枝は、緑色をしていてまだ翼は生えていない。二年目にようやく現れてだんだん生長し、三年目にさらに積み上がる。しかし古くなった枝や幹からはだんだん消えてなくなっていく。誠に芸のこまかい造作を見せる不思議な木である。

「ちょっと指先で触ってみな」と、けしかけてみる。「指が切れるんじゃないの」と、怖がってだれも手を出そうとしない。剃刀《かみそり》の刃のように先が尖っているからかもしれない。こんなところからカミソリノキとかカミソリギとも呼ばれている。

しかし一体なんのためにこんなものが。光や熱を集めるためのソーラーシステム？　それとも放熱するためのラジエーター？　そんな疑問を投げかけると、男の子から「イグアナの背中みたい」と意外な答え。こんな見方もあったかと、竜骨らしきぎざぎざをもう一度見直してみた。

不思議といえばまだ不思議なことがある。ある農家の老婆から聞いた話によると、このコルク質の翼を黒焼きにして、飯粒を入れて練ったものを、刺のささった指先にすりつけると、立ち所に刺が抜けるという。また頭虱《じらみ》が横行していたその昔、この種子を搗《つ》き砕き水油を加えて練ったものを用いていたとのこと。それで別名シラミコロシ、シラミノキとも呼ばれている。昔の人の知恵には本当に驚かされる。

またこの木はハンコノキとも呼ばれ、その材から印判が作られた。錦木の印鑑を押す度に、故郷に錦を飾るいつの日かを夢みていた人もいたことであろう。しかし今日ではそんな古い昔のことなど忘れ去られ、庭でも公園でも錦木で飾られている。

●キセルに化けた花……ハマウツボ科

32

ナンバンギセル

八月も中旬を過ぎると、ススキの白い穂があちこちで見られる。そんなススキの根元にうす紅色のパイプに似た奇妙な花を見掛けることがある。ナンバンギセルという寄生植物である。尾根道を歩いていたときだった。ススキではなくアズマネザサの下に何十、いや何百という数の赤い頭巾《ずきん》をかぶった花が立っていた。こんなにたくさんの花に出会ったのは初めてである。葉も葉緑素も持たない。しかも全身に血が通っているように赤味を帯びた不思議な花である。筒状の花冠を前に突き出し、先端は少し切れ込み、どことなく動物の口にも見える。

「怖い！」「気持ちが悪い！」と言って、誰も手を出そうとしない。うっかり指を差し出すと噛みつかれるのではないかと思っているのかもしれない。

恐れずに花の中を覗いてみる。雌しべは一本、柱頭に淡黄色の毛が密生している。雄しべは

ナンバンギセル　Aeginetia indica L.　アエギネティアはギリシャの医師 P. アエギネタに因む。インディカ「インドの」。

四本、先端が一ヶ所に抱き合うようにかたまっている。花の後ろに付いている頭巾のようなものはがくである。花の形が、昔、南蛮人《なんばん》（スペイン・ポルトガル人）が口にくわえていたパイプに似ているところからナンバンギセル（南蛮煙管）と呼ばれている。またキセルソウとも言う。キセルは刻みたばこを詰めて吸う道具であるが、最近ではほとんど見かけることがなく、今日では電車の不正乗車の意味でしか理解されていないかも知れない。

ナンバンギセルはススキ、チガヤ、ササ、サトウキビの他にミョウガやショウガの根にも寄生する奇妙な植物である。他の植物から養分を横取りして生きている姿はどこかの悪徳業者に似ている。

『万葉集』や和歌に詠まれた「思ひ草」はこ

のナンバンギセルのことだといわれている。

野辺みれば尾花がもとの思い草枯れ行く冬になりぞしにける　和泉式部

晩秋の頃、例の場所を再び訪れると、赤い頭巾はすっかり黒い坊主頭に変身していた。割ってみると、中から何万という細かい種子が飛び散った。試しに庭の片隅にススキを植え、その根元に種子を播いておいたら、翌年見事に咲いてくれた。なぜこんな変わった植物が生まれてきたのか不思議でならない。

●養分をかすめとるちゃっかりもの……………ヤドリギ科

33 ヤドリギ

「あれは鳥の巣かしら」。前方の高い木の枝に鳥の巣のようなものが見えた。「…四つ、五つ、六つもある」。近付いてよく見るとヤドリギであった。ケヤキの枝に黄緑色をした細い枝が二叉に分かれて生えている。

ヤドリギ（宿り木）は常緑の小低木で半寄生の植物。葉には葉緑体があって自分で光合成を行なっている一方、宿主から水分や養分をかすめとって生活している。その意味で半寄生というわけであるが、実にちゃっかりしている。そういえば大学は出たけれどまだ独立できずにいる我が家の娘もこれに似ている。数年前、ある農家の人にヤドリギが寄生していたケヤキの太い幹を輪切りにしたものを見せてもらったことがある。樹皮の表面にだけ付着していると思っていたら、何と幹の中心部までも深く根のような突起物が食い込んでいるのには驚いた。たとえ太い幹でもこんなヤドリギに五、六株もとりつかれたら養分を吸い取られやがて枯れてしまうだろう。

ケヤキ、エノキ、サクラに寄生しているのをよく見掛けるが、他にクリ、ムクノキ、ブナなどにも寄生する。

二月頃、枝の先端の二枚の葉の間に小さな黄色の花を開く。受粉すればやがて秋に淡黄色の丸い果実ができる。よく熟すとちょっと押すだけで粘っこい半透明の液が出る。

いろいろな木に住み着いたヤドリギは、一体どうやって自分の子孫を殖やしているのであろうか。大変興味深いところである。

自然は実によくしたもので、鳥たちにお駄賃としてこの果実を与え、枝から枝えと運んでもらっているのである。特にヒレンジャクやキレンジャクはこの果実を好み、二、三月頃、群れをなして飛来し、むさぼっているのが見られる。

野鳥の愛好者は双眼鏡を覗きながら「わあぁ！　きれいきれい！」と喚声を揚げる。その一方でカメラのシャッターが一斉にカチャカチャと鳴り出す。たらふく食べた鳥はさっさと飛び去り、隣の木の枝で一休み。でも少し様子がおかしい。お尻をぴくぴくさせている。そしてやがて何やらお尻から糸のようなものが垂れてきた。ヤドリギの種子は粘液に包まれていて、排泄物と一緒に種も消化されずに出てくる。枝の上に落下した種はこの粘りの接着作用でしっかり付着するというわけである。考えてみればみるほど、ヤドリギの知恵というか技には本当に驚嘆させられる。

ヤドリギ
Visucum album　ウィースクム「とりもち」。アルブム「白」種子の色から。

●幽霊が出た！……イチヤクソウ科

34 ギンリョウソウ

梅雨がまだ明けない六月下旬、観察会に集まった人たちは街道からそれて林の中の薄暗い小道に入った。しばらく話をしながら歩いていた時である。突然「誰か、早く来て。何か変なものが……」。

近付いて見ると、白いものが四、五本立っている。ギンリョウソウであった。頭を下に向けて立っている一本足の白い姿はどことなく不気味である。

ギンリョウソウは緑の部分が全くなく、全体が銀白色で鱗片葉につつまれ、うなだれて咲く姿を龍に見立てて銀龍草と名付けられた。薄暗い林の中で突然白い衣を纏《まと》ったこの姿に初めて出会ったときには、だれでも幽霊を連想することであろう。それでユウレイソウ、ユウレイバナまたはユウレイタケ（茸）とも呼ばれている。しかしキノコの仲間ではない。

これは腐生植物（腐った落葉などから有機物を得て生活する植物）の一種で、他の植物のような葉緑素もなければ、ひげ根のような根もない。根元をそっと持ち上げてみると、下に腐葉

ギョウリンソウ　Monotropastrum globosum　モノツロパスツルム「一つ、一方」＋「向く、曲がる」。グロボースム「球形の」。

土が固まってくっついてくる。このようにギンリョウソウは土の中にすむ菌の助けを借りて生きているのである。

銀龍草夢の如くに立つ夜明　　長谷川久代

花は五〜七月頃。高さ十〜二十センチの茎の先端に一個、筒状の花を下向きに付ける。花弁は三〜五枚で、へら状。雄しべは十本、雌しべは一本で、柱頭のふちは青色を帯びている。果実は白い球形の液果（水分の多い果実）で、完全に熟すとそのままつぶれて水液とともに黒い種子を流し出す。茎は枯れると黒くなる。

これとよく似た仲間に、アキノギンリョウソウ（別名ギンリョウソウモドキ）がある。花期は八、九月頃で、茎の高さは二十センチ以上にもなる。ギンリョウソウとの大きな違いは、球形の子房の外面に縦の溝が十本入っており、柱頭は淡い黄褐色をしている。また果実の頃には、上に向き乾いて硬くなる。完全に熟すと縦に裂けて種子を周囲に撒き散らす。

今日大都市周辺の山林ではほとんどどこでも削られ、住宅地に造成されつつある。そしてどこもここも明るくなり、幽霊たちの住処《すみか》もだんだん侵されている。この自然の中にはまだまだ知られずに、ひっそり生きているこのような生物も存在しているのである。

山菜は自然の恵み

●ほろ苦い早春の香り

35

フキノトウ

キク科

フキという名は地下から若芽がふき出るところから名付けられたという。フキノトウは正しくはフキの花茎。東京では二月初旬頃、日当たりのいい土手などに大きなうろこ状の包《ほう》につつまれてひょっこりと現われる。

紫色を帯びた外皮をはがすと淡緑の蕾がしっかりとつつまれている。雪国では雪の下で生長し、雪が解けると同時に丸々と太った淡黄色の花穂《かすい》の姿が見られる。まさにみずみずしい花嫁姿にも似る。やがて上の方から花(頭状花)が顔を出す。しかしすっかり茎が伸びてしまうと、「とうが立った」といって見向きもされなくなる。それでこれを「ふきのしゅうとめ」とも呼ぶが、やはりとうが立たないうちが花か。フキノトウは雌花の株と雄花の株が別(雌雄異株)なので、花が咲いてみなければ分からない。雌花は白色、雄花は花粉の色でやや黄色を帯びている。四月頃、種子は白い絹のような冠毛に乗ってひらひらさせながら飛んでいく。あれはまさに新世界への旅立ちの姿なのだ。フキの葉、つまり葉柄《ようへい》は花が咲き終わった頃、根茎から伸びてくる。

来て見れば雪解けの川べしろがねの柳ふふめり蕗《ふき》の台《とう》も咲けり　　斎藤茂吉

フキは日本全土に分布する。東北・北海道・千島・サハリンにはアキタブキが自生し、葉柄が二メートル、葉の直径が一メートルにもなる。葉に白斑のあるフイリブキ、葉と花茎《かけい》が赤紫色になるベニブキ、葉に毛のないオカブキなどの変種もある。八百屋に並んでいるものは栽培種。『和名抄』（九三四年）には「布布木」と出ており、これはフフキではなくフーキと発音されていたようだ。それが短縮されてフキになったのであろう。今日でもフーキと言っている所が全国各地にみられる。

フキノトウは去痰、せき止めによいといわれ、ゴマ味噌和えやテンプラにして食べられている。あのほろ苦さは早春を感じさせ、精気をよみがえさせてくれる不思議な山菜だ。「金色のゆで卵を作るには一緒にフキノトウを二、三個入れるとよい」、と八王子市上恩方のKさん。「葉はちょっとした切り傷や虫にさされたとき、もんでその汁をつけた。茎は食べたが、葉は尻ふきにも使ったよ」、と興味深い話しはいつまでも尽きることがなかった。

雪の下から姿をみせたフキノトウ

花は小さな花の集合体

種子は白い冠毛に乗って飛び立っていく。

フキ

Petasites japonicus　ペタシテスはフキのギリシャ名「つば広の帽子」に由来。ヤポニクス「日本の」。

●白いブラシの花

36 サラシナショウマ

キンポウゲ科

「あった、あった、そこに一つ、あっちに三つもついている」。アケビのつるの下でMさんは、頭をぐるぐる回しながら探している。九月なかばのある日曜日、近くの山林に出掛けた時だった。紫色に染まった果実は、大きな口を開き黒い種子を見せている。よく熟していて今にも落ちてきそうである。静かにつるを手前に引き寄せ、やっと獲物を手にする。

坂道を降りて畔道に入ると、木陰になにやら白いものが立っているのが見えた。近付いて見るとサラシナショウマの花だった。ちょうどビン洗いのブラシのような細長い穂状で、周りに小さな花がたくさん付いている。背丈は一・五メートルほどもある背高のっぽ。穂先はゆるやかに湾曲し、微かな風にも揺れ、あたかも舞っているよう。

これはキンポウゲ科の多年草。葉は互い違い（互生）に付き、長い柄の先にミツバのような三枚の小葉が付いていて、縁にぎざぎざの切れ込みがある。この若葉を水に晒《さら》して食べたことから晒菜という和名が付いた。ショウマ（升麻）はこの種を指す漢名に由来する。何でも体験

サラシナショウマ　Cimicifuga simplex　キミキフガは「南京虫＋逃げる」。悪臭で南京虫も逃げる意味。シンプレクス「単一の」。

してみなければと思い、少しばかり若葉をゆで、水に晒しておひたしにして食べてみたが、少し苦《にが》かった。多摩丘陵にはこれと同じ仲間のイヌショウマとオオバショウマが自生している。花弁は三ミリから五ミリと小さく、開花後二日くらいで落ちてしまい、あとにたくさんの雄しべがハリネズミのハリのように突き出ているのが目立つ。

果実は袋状で、長さ五ミリから十ミリほどのだ円形。冬の頃、熟した袋を割ると、周りに薄い翼を付けた種子が何枚も重なって入っている。その翼を使って遠くまで子孫を広げようというわけである。

ところが、実際にこの花に出会う機会はあまりない。この植物は発芽して花を付けるまでに四、五年を要する。しかも半日陰で湿り気のある所を好むので、あまり日当たりが強いと葉が焼けて、花付きも悪くなり、だんだん退化してしまうのである。

畑の一角に、何十株と群生しているのを見せていただいたが、湿り気のある薄暗い所であった。地主さんが長年鎌も鍬も入れずに大切に守ってきたものだという。思いやりの暖かい心がしみじみと感じられた。何と幸せな花よ!

●夏空に白く輝く宝珠

37 オオバギボウシ

ユリ科

山あいの農道に入る。今なお絶えることなく湧き出ている沢水と青々と茂る水田を見ると何となく心が和む。かつてはどこにでも見られた田園風景であったが、都市化が進むにつれてだんだん消えていくのが惜しまれる。土手の斜面に白い旗のようなものが揺れ動いているのが見えた。オオバギボウシの花だ。一メートル以上もある長い茎の先にたくさんの蕾と花を付けている。よく見ると蕾も花も淡紫色を帯びている。

オオバギボウシはユリ科の多年草。北海道から東北、関東、本州中部地方に自生し、低地から高地の草原でも見られる。半日陰でやや湿り気のある所を好む。ちょうどヤマユリも咲く七、八月頃、里山やその周辺の土手などで見られる。東北地方ではウルイと呼び、地表に出たばかりの若葉を山菜として食べる。葉は株元に重なって付き、葉柄《ようへい》が太く卵形の大きな葉を広げているのでよく目立つ。

夏の頃、長い茎を伸ばし下から順番にラッパ状の花を横向きに開く。先端は六つに裂け、外に向かって太い釣針状のものを一本だけ突き出している。雌しべの先端である。魚を釣るわけでもないのに、なぜこんな形のものをちらつかせているのであろうか。

写真を撮ろうとセットし、風が止むのを待っていた時である。何処からともなくハナバチが飛んできて、その曲がった先端にさっと留まるや、頭を花の奥の方へと突っ込んでいった。なるほど！　外に長く突き出していたのは虫を誘い込む手口だったのだ。歳時記にこんな俳句が載っていた。

這入りたる虻《あぶ》にふくるる花擬宝珠　　虚子

ギボウシの名の起こりは擬宝珠《ぎぼうしゅ》に由来する。とは言ってもそれはどんな物か。最新型の橋ではほとんど見られなくなったが、欄干《らんかん》の柱の頭にかぶせた金属の飾り物のこと（写真右下カット）。つぼみの形がこの飾り物によく似ているからである。

これと同じ仲間のコバギボウシも自生しているが、最近では公園や花壇でしか見られなくなった。花は淡紫色で、内側に濃い紫色の脈が目立つ。オオバギボウシと比べると、葉の幅も長さも小さく、花茎《かけい》の高さも半分ほどの小柄な草花。蒸し暑い夏の一時、下向きに咲くあの淡紫色の花を見ていると、何となく爽やかな気分にしてくれるのである。

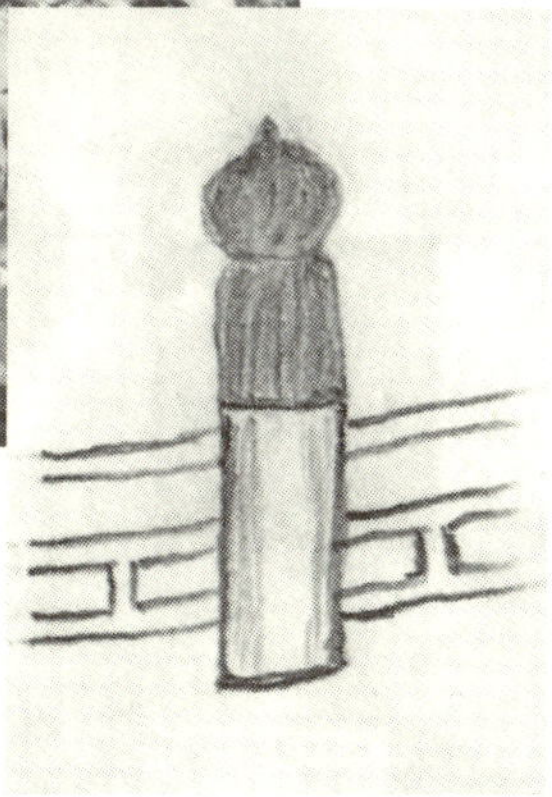

オオバギボウシ
Hosta sieboldiana　ホスタはオーストリアの医師の名。シーボルディアナはドイツの医師シーボルトに因む。

●アンモナイトの成る木

38 アオツヅラフジ

ツヅラフジ科

「観察はただ見るだけではなく五感を使ってみるのですよ」。張りのあるS先生の声。子供たちの関心を巧みに引き付ける。「葉を触ってみな。どんな感じ？　揉んで鼻で嗅いでみな」。何でも体験させるのが興味を起こさせるコツだと言う。

「つるに何かぶら下っているぞ」。「ブドウみたい」。「一粒食べてみるかい」。恐る恐る口に入れるや「苦い！」と言ってピュッと吐き出した。

甘味に慣らされた最近の子供たちの舌は、条件反射的に異物はすべて受付けなくなっているようだ。

「惜しいことをした。中に宝物が入っていたのに」、と言いながら、別の実を指先で押しつぶし、中から種を取り出して見せた。

アオツヅラフジ　Cocculus trilobus DC. コクルス「小さい液果」。トリローブス「３裂した」。

「これ何に見える」。「うん……？」「こんな化石見たことない？」。「アンモナイトみたいだ！」。よく見ると馬蹄形《ばていけい》をしていて縦に細かい刻み目がついている。いろいろな種があるが、こんな変わったものも珍しい。これがまさに種明かしというもの。こんなことでもなければ子供たちは目を輝かせて見てはくれないのかも知れない。

ところで、そのアンモナイトの成る木とはどんな木か。日本全土に自生するアオツヅラフジというツヅラフジ科のつる性落葉低木。ツヅラフジといえば年配の人には馴染みがあるかも。昔、衣類などを入れる葛籠《つづら》というかごの材料に用いられた。別名カミエビ。エビはブドウの古名。ブドウのように伸びるから。しかし巻きひげはない。カミは黴《かび》がなまったもの。果実の表面につく白い粉をかびと見誤ったためかも。

これは雌雄異株で、夏、黄白色の六弁の小花を多数つける。雌木のつるには液果状の丸い実をつけ、秋には黒く熟す。葉は早春のものは浅く三つに裂けるが、夏に出る葉は広卵形をしているので、ときどき別種と見違えることがある。つるはその名の通り新しいものは青緑をしているが、年数が経つと灰色から褐色に変わる。細いが強くて丈夫なため綱の代わりにもなる。つるを張りつめて引っ掻くとピンピンと音を出すのでピンピンカズラとも呼ばれる。

根や茎を乾燥させたものを漢方で木防已《もくぼうい》と呼び、利尿、鎮痛薬として神経痛、リュウマチ、関節炎、水腫に利用されるという。

●甘い野生のブドウ……ブドウ科

39 エビヅル

ある朝のこと、職場の部屋に入るとテーブルの上に大きな水盤が一つ置かれてあった。いつもなら生花が飾られているのにと不思議に思って近付いて見ると、色も鮮やかな紅葉が水に浮いていた。ニシキギ、ツタ、エビヅルなどの葉があった。誰が生けたのか生花ならぬ落葉のこんな生け方もあるものかと感心した。水に浸っている葉は枯れ葉とは違った深みのある色彩を放っている。また重なり合った葉は更に微妙な色の世界を醸《かも》し出しているのである。紅葉にもこんな楽しみ方があることを初めて知った。

エビヅルはブドウ科の木性つる植物。ヤマブドウによく似ており、葉も果実もひとまわり小さい。葉の裏には茶褐色の毛が密生しているが、若葉の時は紅色をしている。雌雄異株で、房状のブドウがなるのはもちろん雌株である。熟すと黒くなり、霜が降りる頃になると大変甘みが増す。口に入れて押しつぶすと、コクのあるジュースがどっとのどに流れ込む。

エビヅルは古名エビカズラと呼ばれた。語源は春の芽出しの頃、その若い葉や茎が海老《えび》のように赤紫色を帯びているところから名付けられたという。そして熟した果実のジュースの色も同様に赤紫色をしている。エビ染めとかエビ染模様といったものはその昔、野生のブドウの実を染料として使っていたからである。つるは巻きひげを出してよじ登っていく。

えびづるのひと蔓毎に色ちがひ　酒井黙禅

落ち葉の頃、よく観察していると、ちょっと変わった現象が見られる。たいてい落葉といえば、葉と葉柄《ようへい》が一緒になって落ちるが、これはまず葉の部分だけが落ち、葉柄はその二、三日後に続いて落ちる。つまり葉（葉身《ようしん》）と葉柄の間に関節があり、そこから離れるのである。これと同じ現象は他にツタやヤブガラシなどでも見られる。細かく探っていくと自然界にはいろいろと不思議なことがあるものだ。

エビヅルに大変よく似たものにノブドウ（特に深い切れこみのものをキレハノブドウという）がある。こちらの葉の裏は淡緑色なので、エビヅルとはすぐに見分けがつく。果実は熟すと黒紫色になる。しかしたいていは昆虫が寄生し、緑白色のものや鮮やかな青色や青紫色になる。よく見るとゆがんだ球形のものがあるが、あれは昆虫による虫こぶ（虫えい）である。これらと同じ仲間で、葉が三角形をしたサンカクヅル（別名行者《ぎょうじゃ》の水）というのにも出会うことがある。

エビヅル　Vitis ficifolia　ウィティス「つるのある植物」。フィキフォリア「イチジクのような葉の」。上の写真はノブドウ。

●空中に垂れる紅い宝玉

40 サネカズラ

マツブサ科

「お姉ちゃん早く、どんぐりがあったよ」。男の子の叫び声。後から中学生らしい女の子がついて行く。美しく色付いたツタやニシキギやエビズルなどの葉を集めていた。ふと上を見ながら「あれ、なーに。赤い実がぶら下がっているわ」。欲しそうに頭上をみつめていた。何度かつるを引っ張ってみるが紅い宝玉にはたやすく手が届かなかった。つるからぶら下がっていたのはサネカズラの実だった。

サネカズラのサネは果実、カズラはつるのことで、果実が目立つつるの意味。関東以西から四国・九州の山地に自生するマツブサ科の常緑つる性植物。つるは右巻き。別名ビナンカズラ(美男葛)とも呼ばれる。この茎の皮をそぎ取り、一晩水に浸しておくと粘りが生じる。昔、この粘り液を頭髪に塗っていた。女性の日本髪にはもちろん、男性にとっても欠かせない整髪液として利用されていたのである。

葉は長だ円形で表面に光沢があり、冬には葉の裏が紫色になる。雌雄異株(ときたま同株)

サネカズラ　Kadsura japonica 「日本産のカズラ」の意。和名カズラが学名になっている。

で、雌花には緑色の雌しべがあるので、すぐ見分けがつく。八月頃、葉のつけねに一個、直径一・五ミリくらいの鐘状の淡黄色の花を下向きに開く。花被片は十二、三枚。果実は丸くて小さな豆つぶほどの液果をボール状に二、三十個ほどつけ、熟すと赤くなる。晩秋の頃、葉の陰から赤い果実（集合果）が垂れ下がっているのが見られる。

葉がくれに現れし実のさねかづら　虚子

この植物はすでに『古事記』に出現し、つるの滑りが利用されていた。また『万葉集』には「……さね葛後も逢はむと大船の思いたのみて……」（長歌・二〇七）のように「逢う」という言葉と一緒に詠まれており、「また逢いましょう」という花言葉になっている。遠くに離れていてもサネカズラのつるのように先にいってまた出逢うことを期待して詠んだものである。

それにしてもこのつるの生態を実によく観察していたものだと感心させられる。

つるは丈夫なため、綱として、また粘液は製紙用の糊に利用された。果実は日干しにして咳止めなどの治療に用いられていた。

日本人は自然からいろいろなことを学んできたが、こんな木でも実生活にだけでなく歌の中にも巧みに取り入れていたのである。

●日本産のイチジク……………………クワ科

41 イタビカズラ

「何か丸いものがぶら下がっている」。シラカシの木の下に立っていたYさんは上の方を指差していた。「テイカカズラのような葉をしているが…」。近付いてよく見るとイタビカズラであった。つるは木の枝先まで這い上がっている。葉は長だ円形で十センチ程の長さで、先端が尖っている。革のように厚く、表面は滑らかで光沢があり裏は白く葉脈が隆起している。テイカカズラの葉も光沢があるが、ずっと小さくて柔らかである。

イタビカズラのカズラは蔓、イタビは板碑のこと。葉の形が死者を供養するために立てた石の卒塔婆《そとうば》（鎌倉時代から江戸時代初期盛んに行なわれた）に似ているからである。これは常緑のつる植物で、福島県以西の暖地に自生し、根元は太い幹で先端から細い枝を四方八方に伸ばす。幹と枝からは気根をだして樹木や石垣、あるいは崖などに這い上がる。「もっと光を！」とばかりに明るい方へとどんどん登っていく。こんなつる植物でもイチジクと同じ仲間なのである。

イタビカズラ　Ficus nipponica フイクス「イチジク」、ニッポニカ「日本の」。日本産のイチジクの意味。

これと同じ仲間でイヌビワという落葉低木もあるが、どちらも葉柄《ようへい》や枝に切り傷をつけると、切り口から白い乳液が出てくる。これはイチジクの仲間の特徴の一つでもある。花はイチジクがそうであるように、花嚢《かのう》と呼ばれる袋の中に小さい花をたくさん付ける。昔の人は、花が咲かないのに実がつく不思議な果樹と思って、無花果と書いてイチジクと読ませていたが、花は外からは見えないだけで、ちゃんと付いているのである。

イタビカズラは雌雄異株。まだ青い未熟の袋を裂いて見ると、雌花には花被片四枚と子房（種子のできる所）一個が付いている。晩秋の頃、大粒のブルーベリーのような紫黒色の実に熟し、食べると甘い。しかしこの果実は人の手の届かない高い小枝に垂れ、小鳥たちの来訪を待っているようである。

一方、テイカカズラのつるも傷をつけると白い乳液が出るが、こちらは全く別種でキョウチクトウの仲間である。晩秋の頃、つるにサヤエンドウのような長い鞘《さや》をした果実がぶら下がっているのが見られる。

このように似ているものでも見比べてみると、思いがけない発見に感動させられる。自然には、いろいろ似ているが全く別のものもあり、時々戸惑うことがある。しかしそれは自然がそれだけ豊かで、変化に富んでいるという証しかもしれない。

●西洋では裕福さの象徴……ウコギ科

42 キヅタ

落葉を踏みしめながら林の中の小道を歩く。ふと目の前に太い木の幹にからみついているキヅタがあった。木とともに何十年と一緒に育って来たことであろう。濃い緑の葉は陽をうけてまばゆいほどに照り輝いている。

キヅタはウコギ科の常緑のつる性植物。冬でも落葉しないところから別名冬ヅタともいう。これに対して秋に落葉するツタを別名夏ヅタといい、こちらはブドウ科に属する。ツタは「伝う」意味に由来する。

ヨーロッパには西洋キヅタ（イングリッシュ・アイヴィ）があり、古い教会や城あるいは建物の壁に這わせているのをよく見掛ける。古さと伝統を重んずるヨーロッパ人にとっては、キヅタが覆った家は歴史への誇りと裕福さの象徴ともなっている。

一方、日本では家にツタを這わせると病人が出るとか、家を巻き倒すといった迷信があり、建物の壁面に這わせるのを好まないようである。そこでこんな俳句もある。

上：キヅタ　Hedera rhombea　ヘデラは西洋キヅタの古代ラテン名。ロムベア「菱形の」。
下：ツタ　Parthenocissus tricuspidata
「パルテノス（処女）＋キッソス（ツタ）」。ツリクスピダータ「三凸頭の、三尖頭の」。

蔦巻く家へ悲劇の方へ一歩づつ　　秋元不死男

世間ではツタ・キヅタの類は木に寄生して、吸血鬼のように養分を吸収し親木を絞め殺してしまうのではないかと思っている人が多い。そのためかどうか、最近の里山再生の作業を見ていると、樹木に這っているツタでもキヅタでもみな切り取っている。しかし樹木には何の被害も加えているわけではないし、ツタたちも生き伸びるために一生懸命なのだ。

ツタにはタコのような吸盤がついていてそれで物の表面に吸着する。一方、キヅタは茎の先端から粘液性の気根を出し、表面に付着しながらよじ登っていく。ところで、キヅタの葉の形をよく見ると、若いつるの葉は浅く切れ込んでいるが、花が付く枝の葉は卵形をしている。花は十～十一月頃。直径四～五ミリの黄緑色の小さな花をちょうど傘を拡げたような形にたくさん付ける。花が終わると緑色の球形の果実を付け、翌春には黒く熟する。陽が当ると黒真珠のように輝いて見える。一方、ツタの花は六～七月で、果実はブドウの様に球形で紫黒色。砂糖がない時代には、つるから出る汁を煮詰めて甘味料にした。別名アマズラとも言う。

寄らば大樹の陰というが、ツタやキヅタは暗い陰にいる間は花も実も付けることができない。それで頼れる相手を探し、陽が当る明るい方へと懸命に這い登っていくのである。

●空飛ぶ白髪の仙人……キンポウゲ科

43 センニンソウ

眩しい太陽の光を受けて白い花がくさむらを一面覆っている。

「ワァー、素敵！　白い十字星をちりばめたよう！」。はっと一瞬ときめく時だった。素直に感動できる人は、ほんの一時でも詩人になれるのかもしれない。

「白い十字の花に見えるものは花弁ではなくてがくです」、などと横からいかにも学のある話をされると、甘い香りにすっかり浸っていたロマンチックな気分も台無しになるというもの。

これはセンニンソウ（仙人草）というキンポウゲ科のつる性多年草。テッセンと同じ仲間のクレマチス属。カザグルマ、ハンショウヅル、ボタンヅルなども同属。

ところで、このつるはどんな方法で登っていくのだろう？　市販の行灯《あんどん》仕立てのテッセンに見慣れている人は、自分でぐるぐる回りながら登っていくと思うでしょう。

実は、あれは人が勝手に巻き付けたもので、右巻きもあれば、左巻きもある。それではウリやブドウのような巻き髭《ひげ》で？　仙人でもそんなものは生やしていない。この草はつるの左右（対生）に長い腕のような葉柄《ようへい》を伸ばし、さらに先に小葉を三〜七枚付けている。この草は登っていく途中で何か他の物に触れると、その腕でぐいっと巻き付けてしまうのである。仙人様のこんな見事な腕前をぜひ観察してもらいたい。こうしてどんどん日当たりのいい所へと伸びていき、八、九月の炎天下にたくさん花を咲かせ、果実をつくるのである。

仙人草あてなく伸びし土手の径この花白くて秋深まりぬ　福田　清

仙人と呼ばれるその正体はこれからだ。十字形の中心には雌しべと周りには多くの雄しべがあり、花が終わると雌しべの花柱は長く伸びる。そしてやがて花柱に羽毛状の毛がたくさん生えてきて、果実が熟す頃、ふわふわな白い髪の毛のようになる。そしてやがて秋風に乗って、どこへともなく飛び去っていく。正に仙人だけあって実に巧妙な技を使うものだ。

日本ではクレマチスの接木の台木に利用されているが、外国では観賞用に植えられている。しかしこれは有毒植物。茎葉をかむと歯がこぼれるというところから、別名歯こぼれ草。汁が皮ふに触れると、湿疹や水ぶくれができることがある。これも外敵から身を守るための護身術なのかもしれない。

センニンソウ　Clematis ternifloraDC. クレーマティス「クレマティス属」。clema「若枝」の縮小形。テルニフローラ「３出葉の」。
下の写真は白い毛をつけた種子。

●全身刺だらけの怪樹

44 ジャケツイバラ

マメ科

「来週あたり行ってみませんか。そろそろ満開の時期でしょう」。数年前からジャケツイバラの観察と研究にすっかりとりつかれていたSさんからの電話だった。

どんより曇った五月下旬の頃。カメラを持って境川の源流地へと急ぐ。すっかり緑に覆われた森。奥深く静寂に包まれている。ときどきサンコウチョウの鳴き声が森にこだまする。まさに深遠の境地に浸る感じであった。不安と期待を抱きながら足を運ぶ。ふと前方の木の上に黄色いものが見えてきた。「花だ！」胸をときめかせながら近寄って行く。樹木の上を一面に覆ったつるに、黄色い花をつけた花穂《かすい》がどれもみな空に向かって立っている。

蛇結茨《じゃけついばら》！　何と不気味な名前がついたものだ。つるがもつれながらくねっている様子が、ちょうどヘビがからみ合っているように見えるからだという。よく河原に生えているので、カ

ジャケツイバラ　Caesalpinia japonica　属名はイタリアの植物学者A. カエサルピノに因む。ヤポニカ「日本の」。

ワラフジという別名もある。この木は幹も枝も全体に鋭い刺をもっていて、鳥もけものも寄せつけない。

これはバラという名が付いていてもバラの仲間ではなく、マメ科のつる性落葉低木。ところが花はマメ科の特徴である蝶形ではなく、五枚の花弁からできている。上の花弁は小さく、内側に赤い線の模様が付いている。雄しべは十本。赤味を帯び、束になって長く前方に突き出ている。これはハチたちの格好の足場になっていて、花の奥に頭を突っ込んでいるのが見られる。受粉に成功すれば、晩秋の頃、大きな莢《さや》の中にやや丸くて偏平な種子が五、六個できる。漢方では乾燥した種子をマラリアの治療に用いるという。

冬芽は実に面白い。縦に四つ、あるいは五つもついている。もしトップが欠落しても二番手、三番手が下に控えているというわけである。生き延びるための巧妙な策だ。

葉はネムノキと同じように、夜になると左右の葉を真下にさげて重なり合う。いかにも穏やかに見えるが、その葉柄《ようへい》の上にも下にも鋭い刺がついている。しかもその先がかぎ状に曲がっているからなおさら始末が悪い。

落葉樹といえば葉も葉柄も落とすのに、こちらの刺だらけの葉柄は落葉後も、しっかり枝についているのである。美しい花の陰には毒牙《どくが》がひそんでいる。うかつに手は出せない。外敵から身を守るための術として生み出された知恵であろうか。

●猿もいばらにかかる

45 サルトリイバラ

ユリ科

農道を行くと秋草の花があちこちに見られた。アキノキリンソウは黄色の花を長く穂状《すい》につけるのでよく目立つ。背丈の高いツリガネニンジンの枝からは可憐な青色の風鈴がたくさん垂れ下がっている。通りすがりに「かわいい花ね」と言って触れてゆく。その度に鈴の音がかすかに聞えてくるようである。たくさん花をつけたシラヤマギクは頭が重いせいか横にねている。

やがて狭い山道にさしかかったとき、突然「痛い!」と、前を歩いていた人の叫び声。「刺にひっかかった!」。もう何十年も手入れされずに放置されていた林の縁には、サルトリイバラやノイバラやキイチゴなどがあちこちにはびこり、人を寄せつけない状態になっている。

サルトリイバラは晩秋の頃、ルビーのような赤く輝いた実を付ける。その実をサルが好んで食べにやってくる。ところがつるの鋭い刺にひっかかる。つまりサルも手を出せばイバラにひっかかるというわけで、猿捕リイバラと呼ばれている。昔、罠《わな》を仕掛けてサルを捕獲するときに、この好物を使ったともいわれる。

サルトリイバラと同じ仲間のシオデには刺はなく、果実は最初は緑色であるが秋には黒くなる。春の出たての若芽はアスパラガスによく似ていて、山菜の中でも特に珍味の一つに数えられている。

サルトリイバラはユリ科の落葉性つる植物。漢名は拔葜《ばっしつ》、古名はサルトリ（猿捕）、またはサルカキ（猿掻）と呼ばらていた。イバラは一般に刺のある植物を指すところから、後に今日のサルトリイバラが正式な和名として用いられるようになった。

葉は丸くてつやがあり、五本の脈がある。ときどき表面に褐色の斑が現われたりする。葉は互生に付き、その葉柄《ようへい》の付け根から二本の巻きひげ（托葉《たくよう》が生長したもの）を出し、他のものに巻きつきながら伸びていく。

新葉はときどき虫に食われているが、ルリタテハなどがこれを食草にしている。

茎はジグザクに曲りながら伸び、バラのような鋭い刺がある。茎は硬く木質化している。しかし茎を切断してみると木のような形成層はない。とはいっても地下茎は黒くてごつごつした節のある木のような太い根茎になっている。早春の頃、つるを再度観察してみると、上半分は完全に枯れているが、下半分はまだ枯れずに残っている。これは一体草なのか木なのか？　いつも疑問の目で見ているがよく分からない。

上：サルトリイバラ
Smilax china　スミラクスはギリシャ語「ひっかく」に由来。キナ「中国産の」。
下：シオデ

花は四～五月頃、葉柄の基部に淡黄緑色の小さい花を数十個、ちょうど小手毬のようにかたまって咲く。雌雄異株で、雌株には小さな球形の果実ができ、熟すと赤くなる。

海岸にはこの変種で刺のないトゲナシサルトリイバラが見られる。葉が広く大きくて肉厚である。落葉は翌年の二月頃。

サルトリイバラを山帰来《さんきらい》と呼んでいる人がいる。この両者は同じ仲間であるが別種である。中国から渡来したもので日本には自生していない。漢方では土茯苓《どぶくりょう》という。澱粉とサポニン類を含み、利湿、清熱、清血、解毒の効があるところから梅毒の治療に利用された。その他慢性の皮膚疾患、水銀中毒による皮膚炎などに応用された。

日本に梅毒が入って来たのは室町末期といわれ、その頃から治療にサンキライが用いられていた記録がある。（梅毒の記録は一五一二年の『月海雑録』に初見する。三浦三郎著『くすりの民俗学』）。

今日ではペニシリンなどの抗生物質で治療できるようになったが、その当時は全身に怪しい湿疹が現れると山に追いやられたという。患者は山でこの薬草の根で完全に治して、山から帰ったというので山帰来の名がついたといわれている。しかし、これはどうも俗説のようで、土茯苓の別名山寄粮《さんきりょう》が訛って山帰来になったのではないかと思われる。

サンキラまたはサンキライという言い方は全国各地で聞かれるが、これは漢方薬の山帰来から広がったものであろう。また俳句や短歌などに好んで用いられるため、サルトリイバラの別名のように扱われている。

花つけて松に懸りぬ山帰来　無門

つるの先端の若葉はゆでておひたしなどにして食べられる。成葉は乾燥してお茶の代わりに利用できる。また西日本では、柏餅のカシの葉の代わりに用いられている。それでこれをカシワと言ったり、ダンゴノハ、チマキノハ、マンジューノハなどと呼んでいる。

しかしこれらの方言は東日本ではほとんど聞かれない。東日本では普通カシワやササの葉を用いているためであろう。地方によってこのような違いがあるとは大変興味深いことである。

香りは自然の潤い

●芳香を放つ楊枝《ようじ》の木

46 クロモジ

クスノキ科

よくあることであるが、その日もまた箸を忘れてきた。持って生まれた五本の箸ではどうも格好が悪い。食欲もわかないしピクニック気分も殺がれてしまう。こんなことには慣れっこになっていたので気にもならなかった。そこらの笹や小枝で用が足りるからだ。

小川の土手にちょうど手頃な細い枝が伸びていた。緑の肌に薄い紅色を帯び、漆塗《うるしぬ》りのような美しい輝きを見せていた。

早速手折った箸でひと口。鼻先まで持っていったその時である。何ともいわれぬ芳香がふわっと漂ってきた。あまりの嬉しさに、食べ終えてもそれを捨てられずに持ち帰ってきた。ところが「こんな棒切れなんか」と言って、母はぽいと外へ放り投げた。それがクロモジというクスノキ科の落葉低木だと知ったのはずっと後になってからである。

クロモジ　Lindera umbellata　リンデラはスウェーデンの植物学者 J. リンデルに因む。ウンンベラータ「散形花序の」。

しかし匂いというものは不思議なもので、この香りで鼻がくすぐられると遠い昔の思い出が今でも甦ってくるのである。

枯れ山に花先んじて黄に咲ける黒文字の枝折ればにほひぬ　　中村憲吉

枝の先端が「けん玉にそっくり」と言った人がいる。尖っているのは葉芽で、その両側に二、三個短い柄の付いたつぼみが見られる。三月初旬頃、葉に先立って淡黄色い花を咲かせる。まだ一月というのに温暖な日が続いたせいか、つぼみの頭が少し割れかかり、中から小さな花が顔を覗かせている。よく見るとこんな小さなつぼみの中に三つも四つもの花が入っている。花被片は六枚。一片の長さがほんの二、三ミリという極めて小さい花。この木は雌雄異株で、雄花の方がやや大きく数も多い。雌木には秋に球形の黒い実ができるが、昔はこれから蝋を採取した。また乾燥した枝葉を入浴剤として用いれば、疲労回復や関節痛に有効であるという。

クロモジの語源は、幹の黒い斑点を文字に見立てたことから黒文字と呼ばれているが、一説には、昔、宮中の女官が「髪」を「かもじ」、「酢」を「すもじ」のように、ことばの後に「もじ」をつけて言っていたところから黒木または黒木楊枝を「くろもじ」と呼んだことに由来するという。

樹皮の一部をつけた爪《つま》楊枝や箸は今日でも用いられているが、日本の伝統的ともいうべき木の文化をその香りと共に末長く忘れることなく伝えたいものである。

●里山に漂う芳香

47 ホオノキ

モクレン科

新緑の林の中の小道を歩いていると、どこからともなく甘い香りが漂ってきた。周りを見渡してみると、ひときわ背の高い木が立っていた。葉の形からすぐにホオノキだと分かった。枝先には空に向かって大きな花が開いていた。

ホオノキはコブシと同じ仲間で、日本特産のモクレン科の落葉高木。五月中・下旬頃、六〜十枚からなる風車のような大きな葉の中央に大形の花を付ける。外側の三枚はがく、花弁は六〜九枚で黄色を帯びた白で肉厚。真中から芯が突き立っている。雄しべも雌しべも多数重なって付いていて、強い香りを放つ。

朴《ほお》の花白く咲きたる沢の間に淡き夕光匂ひこめにき　田中長三郎

芳香は花だけでなく葉や樹皮や材にもある。ホオノキは別名ホオガシワともいい、大葉柏《おおばかしわ》が訛ったものといわれる。カシワは炊葉《かしぐは》の意味で、食物を盛る葉のことである。一説にはホオはホウ（包）の意味で、葉に食物を盛ったからだという。どちらにしても恐らく大昔からこの大きな葉に食物を盛って食べていたのであろう。今日でも所によってはホオ葉飯やホオ葉味噌などに用いられている。また風呂に入れて香りを楽しんでいる人もいる。『万葉集』には、葉を折り曲げ酒を入れて飲んだ歌がある。また大きな葉を傘のように捧げ持つという歌が詠まれている。

材は軟らかく均一で、歪みも少ないためピアノの鍵盤や製図版に、また仏像や版木、その他椀や盆などさまざまの器具に利用される。かつては朴歯の下駄は有名であったが、時代の変化とともに忘れ去られようとしている。秋になると長さ十五センチくらいで円形の松かさ状のもの（果体）が見られる。完全に熟すと袋が裂け中から真紅の種子が顔を出す。ところがその種子は母体からへその緒《お》のように白い糸をつけてぶら下がるのである。なぜこんなサーカスまがいのことをするのか不思議でならない。鳥の目を引き付けるためか、あるいは風に乗って飛んでいくための知恵でもあろうか。自然の巧妙な仕組みにまたひとつ教えられた思いがする。

遠足の日、母がホオの葉に包んで持たせてくれたおにぎり、風車やお面を作って遊んだ頃の自分の姿があの甘い香りのなかに彷彿《ほうふつ》として浮かんで見える。

ホオノキ　Magnolia obovata　マグノリアはフランスの植物学者Ｐ・マグノルに因む。オボバータは「倒卵形の」。葉の形から。
花は上向きに咲き、果実はこん棒のような形になる。

●赤い絹糸は打ち上げ花火

48

ネムノキ

マメ科

団地の一角に大きなネムノキが立っている。「この木は枯れたんでしょうか」。見上げながら中年のご夫婦。「枝も折れているし寿命じゃないの」。「あちらの木もこちらの木も葉が出ているのに。これはきっと枯れたのよ」。ネムノキは五月のぽかぽか天気になってもまだ眠っているのである。ところが目覚めると急ピッチ。そして六月にはもう花を咲かせている。あたり一面を覆うように枝の先端から赤い絹糸のような花束を天に向かって放つのである。

うす曇りの空の下で見ると、ちょうど打ち上げ花火が夜空に炸裂《さくれつ》したように、赤と白の染めわけの花糸が微妙な幻影となって映る。この細い糸は雄しべで、その先端には黄色い葯（花粉の入っている袋）が付き、束の下には花弁とがくがある。

これはマメ科の落葉高木。マメ科の植物といえば、誰でもエンドウやフジなどの蝶形の花を思い出す。ところがネムノキの花はその形からだけでは、とてもマメ科の仲間とは思えない変わった形をしている。

ネムノキ　Albizzia Julibrissin：アルビズィアはこれを紹介したイタリア人名。ジュリブリシンは東インド名。
枝先からさやが下がっているのでマメ科だとわかる。

朝開きゆうべ閉じあふ合歓木《ねむ》の葉にやうやく花の見ゆる頃かも　藤沢古実

小葉は夕方暗くなってくると上向きに両手を合わせたようにして眠り、朝になるとまた開く。眠りには枕が付き物であるように、ネムノキにも葉枕《ようちん》と呼ばれる膨らんだものが葉柄《ようへい》の根元に付いている。睡眠運動を起こす指令本部である。このような睡眠運動をする有名なものにクサネムやオジギソウがある。

秋の頃、落葉したあとに平らなさや（莢果《きょうか》）だけが枝先にぶらさがっているのを見ることがある。種子は長だ円形で四から八個入っている。

漢名は合歓《ごうかん》。喜びを共にすることで、夫婦和合を意味する。中国では縁起のよい木として庭園によく植えられる。日本には、東北三大祭りの一つであるネブタ祭りがあるが、もともとはネムノキとも深い関わりがあった。昔、農家の人は畑仕事でブヨ（ブユ）に刺されないようにと、葉を揉んだ汁を体に塗ったり、食料に困ったときには若芽や若葉をゆでて食べていたという。葉を水につけて揉むと白い泡が出るので、石けんの木とも呼ばれ、ままごと遊びに使っていた。葉をよく乾燥させて焼くといい香りがするので、お香の代用にもなる。せめて今宵は抹《まっ》香《こう》を焚《た》いてぐっすり眠りたい。それではお休みなさい。

●晩秋の青空に輝くルビー……………………スイカズラ科

49 ガマズミ

十月中旬、ちょうど稲の刈取り時期だった。「子供の頃よく食ったもんだよ」、と畦道で休んでいたS老人。アズキに似た赤い粒を五つ六つ口の中に放り込んでいた。枝先にたくさん付いている赤い実はガマズミだった。「いまの子供はこんなものは口にもしない。おやつと言ったら、お菓子にジュースだ。わしらのときは、山でイチゴ、ブドウ、グミ、クルミ、アケビなどを探して食べた」と言う。しかし最近では、こういう木の実を直接見掛ける機会が少なくなった。桑の実だって食べたことのある子供は少ない。

ガマズミと同じ仲間にコバノガマズミも自生しており、同様に赤い実が付く。

ガマズミの語源は、「赫之実《かがのみ》」または「噛《か》む酸実《ずみ》」が転じたものとか、漢名の「莢迷《きょうめい》」がカメとなり、これにズミ（酸っぱい実）が結びつきカメズミからガマズミに変わったという説。

あるいはズミとは「染め」が訛ったもので衣類を染めたことからとも。また材質がしなやかで堅いところから鎌《かま》・鍬《くわ》・玄翁《げんのう》の柄などに用いられたところからカマズミからガマズミになったという説もある。それで別名を鎌柄とも言う。確かにこの木の実は赤く、食べると酸っぱい。また熟した果実の汁が指先や衣類に付くと赤く染まる。東北地方ではヨツズミ、神奈川・山梨ではヨスズと言っている。昔はこの赤く熟した実（まれに黄色い実を付けるキミノガマズミ・キンガマズミがある）は、子供たちのおやつであったが、野鳥たちも大好きとみえてよく集まって来る。紺碧《こんぺき》の空に映える紅玉《ルビー》はひときわ美しい。

がまずみの実の火の色に渦なす霧　　小松崎爽青

ガマズミは丘陵地の日当たりの良い所を好む落葉低木。枝は対生に付き横に広がる性質がある。葉は広卵形や円形など変化が多い。初夏の頃、枝の先端に小さな白い花を密に付け、こんもりした形になる。花冠は五つに裂け、雄しべは長く突き出る。花には特有の匂いがあり、蜂や蝶など様々な昆虫が訪れる。友人のMさんは、毎年この赤い実を採集して果実酒を作るのを楽しみにしている。二ヶ月ほどでちょうどローゼのような美しい色に染み出す。そして忘年会で「自然からの贈物」だと言って仲間に振る舞っている。

ガマズミ

コバノガマズミ

コオバノガマズミの花

ガマズミ　Viburunum dilatatum　ウィーブルヌム「曲げる」意に由来。ディラターツム「広がった」。葉の形から。

●羽根突きの黒い玉……ムクロジ科

50 ムクロジ

「あれ何かしら？　だんごみたいなものが付いているわ」。「クルミじゃないの」。「ちょっと違うわよ」。

十二月も暮れ近いある日のこと。寺院の前を通りがかったとき、中年の夫婦らしい人が庭の方を見ていた。

十五、六メートルもある高い木の枝先に、丸くて黄色い実がたくさん付いている。はたしてその正体は？　好奇心の強い私は、早速木の根元に行って探してみる。直径二センチほどの実があちらこちらに散らばっていた。

泥のついた実を水の中で洗う。ごつどつした果皮は意外と堅い。ごしごしこすっていると、指先がぬるぬるしてきた。やがてギンナンほどではないがちょっとくさい臭いがしてきた。皮をむこうとすると、つるつる滑って爪も立たない。何度もこすり取ろうとしていたら、なんとこれは不思議、指の間から石けんのような泡がぶくぶく浮き上がってきた。ちょっと不気味な

ムクロジ　Sapindus mukurossi　サピンヅスは「インドの石けん」の意。ムクロシイは和名ムクロジが学名に。

感触。でもこのまま捨ててしまったら、これまでの苦労も水の泡。と思っていたらその泡の中から、金塊ならぬ黒い玉が飛び出してきた。

その黒い玉を見て二度びっくり。見覚えのある玉だ。ふと羽根突きのあの羽根の玉を思い出した。何百回と繰り返し板でたたかれても割れない。よほど殻が堅いのであろう。あとで調べてみたら、ムクロジの実だとわかった。

からからとむくろじの鳴る梢かな　ひで女

昔、この黒い実を数珠にしたり、炒って食べていたという。

ところで、この実を試しに播いた人の話によると、このままでは芽が出ないので、やすりなどで少し傷をつけておくとよいという。ムクロジの由来は、この仲間のモクゲンジの漢名「木欒子《もくらんじ》」を誤って用い、その字音も訛《なま》ってムクロジと呼んだからだという。一方、ムクロジの漢名は「無患子《むかんし》」。

葉は羽状複葉で八から十八センチと長短の変化が多い。花は夏、枝先に小さい淡緑色の花をたくさん円錐状に付ける。

かつては川辺や湧き水の近くに立っているのを見掛けたが、現在自生しているものは数えるほどしかない珍しい木である。この実の果皮にはサポニンが多く含まれているため、洗濯や洗髪には欠かせないものであった。自然と共に生きた昔の人の生活をもう一度見直してみたいものである。

●子供たちの甘いおやつ……クロウメモドキ科

51 ケンポナシ

どんより曇った日曜日のことだった。子どもたちのはしゃぐ声。水辺で遊ぶのが大好きのようだ。「あそこに何か白い物が見えますが何でしょうか」。通りがかりの人が垂れ下がった木の枝の方を指差している。近付いてよく見ると小さなうす黄色の花がたくさんかたまって付いている。ケンポナシの花だった。

ぷーんと甘い香り！　普通は高い木の上の方で咲くのでほとんど気付かない。この木は以前から生えていたもので、いつになったら花が見られるか期待していたところである。

直径五、六ミリと小さな花がたくさん房状に付く。がくと花弁はそれぞれ五個、面白いことにそれが互い違いに付いている。「あれ！　雌しべがあるのに、雄しべがない？」筒状になった花弁をそっと開いて見ると、何と中に隠れている。

葉は互生に付くが、その付き方が変わっていて、左に二枚右に一枚と不規則に付くのである。神様でもとんだ手違いをするものだ！　ケンポナシはナシの仲間ではなく、クロウメモドキ科の落葉高木。晩秋、果実が熟すにつれて果軸と呼ばれる部分が、写真（下）のように奇妙な形に膨れる（丸いのは果実）。黒褐色に色づくと甘くなり、梨の味がする。

語源は手の指が棒のように膨れて見えるところから手棒梨。これが訛《なま》ってケンポナシになったという。落葉のころ甘いジュースをいっぱい満たした果軸が自然に落下する。甘い物があまり無かった時代、山村の子どもたちには最高のおやつだった。

柴焚くや柴の中なるけんぽなし　吉田冬葉

町田市で出版した『町田の名木百選』によると、市立野津田公園近くの道端に大木があるが、老衰のためか上半分が枯れ落ちている。八二歳になるというKさんは、子供の頃、この木の下で友達と一緒に実を拾って食べたことがあるという。現在道の反対側には若木が立派に育ち花を咲かせている。希少な樹木だけに大切にしたいものである。

生まれつき好奇心の強い私は、試しに実生から育ててみた。ところが背丈が五メートル以上にも伸び、枝が横に広がり過ぎたので枝を切り落とそうと梯子《はしご》をかけて上から見下ろすと、何と地味な花がちゃんと付いていた。これで待望の実も食べられると思っていたら、いつしか消えていた。目敏い小鳥の仕業かもしれない。

ケンポナシ　Hovenia dulcis　属名はオランダの宣教師D. ホーベンに由来。ドゥルキス「甘い」。
花は車軸状に咲き、果実は曲がった指のよう。

妖艶な光を放つ宝珠

52 ムラサキシキブ

クマツヅラ科

秋の雑木林の中で紫の実をつけるものといえば、ムラサキシキブだけであろう。周りの紅葉を背景にこの紫の宝珠はまばゆいほどに輝いて見える。

ムラサキシキブはクマツヅラ科の落葉低木。北海道から九州までの山林に自生する。この木はスウェーデンの植物学者ツュンベリーが「日本産の美しい果実」として初めて欧州に紹介したもので、あちらでは大変珍重されている。和名のムラサキシキブは平安時代の才媛、紫式部を連想されるが、名の起こりは紫色の敷実（または重実）が訛《なま》ったものと考えられる。

花は六、七月頃、葉のつけねに数十個ごく小さい淡紫色の花を付けるが、よほど注意していないと見過ごしてしまう。

花冠は先端が四裂し、お椀形のがくが付いている。果実は最初は緑色をしているが、やがて少し白味を帯び、次いで淡ピンクから徐々に深みを増し、十月下旬頃には美しい球形の紫の宝石にでき上がる。しかしその美しい肌もいったん霜に当たると皺ができ艶が薄れてしまう。美

ムラサキシキブ　Callicarpa japonica　カリカーパ「美しい実」。ヤポニカ「日本の」。写真はヤブムラサキの花（上）と果実（下）。

人というも皮一重というわけ。果実を米（赤米）に見立ててコゴメ、コメゴメとかコメノキなどと呼んでいる所がある。

露寒しむらさきしきぶ紫に　　一我

あの紫色の部分は果実の外皮だけであって、果肉は白い。中に小さな黒い種子が四個入っている。冬になるとツグミ、メジロ、オナガなどがやって来て好んで食べる。こうして彼らの腹を通過した種子は不思議と発芽率がよく、林や野原で実生から育った幼苗をしばしば見掛ける。ひょっとして小鳥たちは本能的に自分の子孫のために種子をあちこちに撒いているのかもしれない。こうして生物は今日まで自然と共に生き続けてきたのである。鳥が種子を撒き、人間がその野山を破壊しているとは！　木の材質は大変粘り強くて折れ難いため、道具の柄などに利用されている。

多摩丘陵にはヤブムラサキも自生しているが、こちらは枝と葉にビロードのよな柔らかい毛が密生しているので、触ってみればすぐ見分けがつく。庭や公園にはコムラサキや白い実をつける白シキブも見られる。秋が深まるにつれて葉は黄変し、その頃にはもう来年のための新しい芽（裸芽《らが》）が用意されている。

●深山に輝くルビー……ミカン科

53 ミヤマシキミ

「がさがさ、どどっ」と、斜面を転がり落ちるような大きな物音。一瞬ドキッとして振り向く。丸々と肥えたノウサギだった。私の足音に驚いて逃げ出したのであろう。急に立ち止まったと思うと、こちらの方をチラッと見るなりまた駆け出し、茂みのなかに姿を消してしまった。

山道をぐるっと迂回するのは面倒だと思い、急な斜面を木につかまりながら恐る恐る下っていった。その時である。鮮やかな紅色に輝くルビーの玉の塊が目に入った。ミヤマシキミの実だった。ミヤマシキミは、シキミという名がついているが、モクレン科のシキミとは全く別種で、ミカン科に属する常緑低木。関東以西の山地の木陰に自生する。丹沢山系や高尾山には多く見られるが、多摩丘陵では少ない。

シキミの語源は「悪《あ》しき実《み》」に由来するといわれており、これは有毒植物である。同様にミヤマシキミの茎葉にもアルカロイドが含まれ、有毒である。野生のシカたちは、スギやヒノキの皮を剥いで食べても、地面に這うように生えているこのミヤマシキミには手も口も出さない。しかし不思議なことに小鳥たちはこの赤い果実を啄《ついば》んでも別に異常をきたさない。けいれんを起こしたり心臓まひで空から落ちてきたという話も聞かない。

毒も使い方によっては薬にもなる。漢方では茵芋《いんう》と呼び、リュウマチによる痛みや手足のけいれんに利用されるという。

花は四、五月頃、小さな四枚の花弁からなる白い花をたくさん円錐状につける。良い香りに誘われていろいろな昆虫が飛来する。十月頃、枝先に数個まとまった紅色の実が見られるが、時によると翌年の花の時期になっても付いていることがある。

人遠しみ山樒《しきみ》のあり所　　松瀬青々

深い山奥の木陰で、長だ円形の照り輝く緑の葉を台座に、あかあかと燃えるようなこの美しいルビーに出会うと誰しも魅了されることであろう。そんなことから庭に植えられたり、縁日などで鉢物にして売られていることがある。しかし翌年には実はつかない。

この植物は雌木と雄木が別（雌雄異株）で雄木がないと実が付かない。しかも暑い下界には耐えられない木なのである。「わたしの気（木）も知らないで」と、嘆いている仲間もいることであろう。

ミヤマシキミ　Skimmia japonica　スキミアは和名シキミ（ミヤマシキミ）に由来。ツンベリーの命名による。
春、枝先に白い小さな花がかたまって咲く。

冬、濃い緑の葉の間に真っ赤な実が見られる。

●キーウイフルーツの子供？……………………マタタビ科

54 サルナシ

どんよりした雨空。丘は濃い緑。久し振りに鶴見川の源流地の林の中を歩いてみた。すぐ目の前に光沢のある葉をつけたつるが、木の枝から枝へぐるぐるまきついている。ジャングルの中にでも迷い込んだような感じだった。

「あっ、花だ！」葉柄《ようへい》が赤茶色をしているので、サルナシだとすぐに分かった。随分長い間歩き回って、ようやくこの花に出会うことができた。そっとつるをたぐり、五弁の白い花の中を覗いてみるとどれも雄花だ。黒ずんだ紫色の葯（花粉の入っている袋）がたくさん車輪状に付いている。

サルナシはマタタビ科の落葉性つる植物で、雌雄異株（ときたま雌雄同株）である。同じ仲間のキーウイフルーツもマタタビも雌雄異株である。オスがあるからには、メスもあるはず。というわけであちこち探せば見つかるものだ。細いつるの脇に点々と白い花が下っていた。雄花は葉の付けねに五、六個まとまってつくが、雌花は一個ずつつく。

果実は熟していても緑色をしている。

サルナシ　Actinidia argata　アクティン「放射線状の」に由来。柱頭が放射状に並ぶことから。アルガータ「とがった」。

「実がついてくれればいいが」。もう秋が楽しみだ。果実はやや丸みのある親指ほどの太さで、キーウイフルーツの子供のようだ。しかし同じ仲間でもキーウイフルーツの皮には赤茶色の毛が生えているが、サルナシは無毛。熟しても緑色をしていて、ちょっと押してみると柔らかくなっている。甘酸っぱい味がする。ナシに似たこの果実をサルが好んで食べることからその名がついたといわれる。つるはたいへん丈夫なため薪をしばったり、筏《いかだ》を組むのに利用された。また山奥の谷間のつり橋に、今日でもこの太いつるが用いられている所がある。

別名シラクチヅル、コクワ、ハシカズラ、イカダムスビなどとも呼ばれている。高尾山には、おそらく二百年以上と思われる太い雌木があり、つるを周囲の樹木にぐるぐると巻き付けているたくましい姿が見られる。つるの一部を切り取り縦に割《さ》いてみると、キーウイフルーツもマタタビも髄《ずい》は詰まっているのに、サルナシの髄だけは大変おもしろいことに、階段のように数ミリ毎に段々ができていて、その間が中空になっている。これ、骨粗しょう症かなあ？　若くて赤い肌をしたつるも同じだ。しかしつるが枯れると階段はすっかり消えてしまい、すべて空洞になってしまう。これが本当の階段（怪談）話。自然には不思議なことが多い。

●沼に生えるソーセージ……ガマ科

55 ガマ

やっと秋めいてきた十月下旬。数人で狭い農道をずっと奥まで進んでいくと水田があり、土手の下にはきれいいな水が流れていた。手を洗い土手に座って弁当をひろげた。

「あそこにソーセージのようなものが見えるわ」。食欲旺盛な女性の声。ヤナギやオギの生い繁げった休耕田の向こうに赤茶色をした棒のようなもが立っていた。ガマの穂だ。ガマはガマ科の多年草。沼や池でよく見掛ける。背丈が一～二メートルと高く、葉は幅二センチ、長さ一メートルほどもある大型の草である。穂の先にとがって見える軸は雄花が付いていたところ。そのすぐ下に太いソーセージのように見えるのが雌花の穂。これとよく似ていて小型のものがコガマである。

語源は朝鮮語のカムからという説。またアルタイ語のアシを意味する語が、古い時代に日本

ガマ　Typha latifolia　ティファはギリシャ古名「沼」に由来。ラティフォリア「広葉の」。

語のカマに転じ、ガマになったという。晩秋の頃、白い毛がふわっと噴き出てきて、それがやがて風に乗って何処へともなく舞いながら飛んでいく。ガマの穂わたである（写真右側の穂）。

丸裸にされた因幡《いなば》の白ウサギはガマのわたにくるまって傷をなおしたというが、あの物語は本当はわたではなく、花粉であったと思われる。蒲黄《ほおう》と呼ばれるこの花粉には止血作用があるので、大昔から切り傷や怪我などの止血剤として使われてきた。漢方ではヒメガマの蒲黄が用いられている。

食品の「かまぼこ」は漢字で蒲鉾と書かれるが、もともとは蒲穂子の意味で、ガマの穂の形をしていたからである。

用途としては、まだ穂の形がくずれないう

ちに刈り取って生花に用いたり、色を吹き付けて飾り物にしたりする。また茎や葉の繊維が柔らかくて強いため、むしろなどの敷物やかごなどが作られる。半世紀ほど前までは穂を蒲団《ふとん》のしんや火口《ほくち》に用いていた。

春の出たての若葉は山菜として食べられるだけでなく、地下の白くて太い根茎には豊富な澱粉が含まれていて甘い味がする。飢饉の時地下茎を食べて生き延びた人もいたという。

雨の輪も古きけしきや蒲の池　　虚子

多摩丘陵の周辺には湧水地や沼が何箇所も残っており、ホタルやトンボが見られる。水鳥たちもよくやってくる。また希少植物もほそぼそと生きている。そんな里山（谷戸山）の風景と共にこの豊かな自然をいつまでも残しておきたいものである。

●アリと共存する賢い草……ケシ科

56 クサノオウ

街道から山へ入る小道の脇に石仏が立っていた。微笑ましい仏の顔を拝み、数歩先に進むと道端や石垣の間にヤマブキのような黄色い四弁の花を咲かせている可憐な花が目に入った。クサノオウだった。

クサノオウはケシ科の越年草で、日当たりと湿り気を好むようだ。葉の表面は淡緑で、裏側は白く細かい毛で覆われている。茎にも花柄にも産毛《うぶげ》のような軟らかい毛が密生し、見るからに弱々しい草。茎の高さ三十～六十センチで中空。茎や葉柄《ようへい》のどこを切っても黄色い液が出る。こんな黄色い汁を出すところから「草の黄《おう》」と言われるようになった。

ところが、『大和本草』（一七〇九）には「今俗ニ草ノ王ト云。ヨク瘡腫《そうしょう》（できもの）ヲ消ス、ソノ葉ヲモミテツクル妙薬也」とある。「黄」つまり黄色い液、これを患部に塗ると痛みが和らいだり、イボなどがとれたので、「草の王」になったのかもしれない。子どもの頃、虫にさされたときクサノオウの汁をつけると痛みがぴたりと止まったのを覚えている。一方、瘡腫を

クサノオウ　Chelidonium majus　ケリドニウムはギリシャ語 Chelidon「ツバメ」に由来。母ツバメがこの草の汁でヒナ鳥の眼を洗い視力を強めるとの伝えから。マユス「より大きい」。

瘡《くさ》とも呼ばれるところから、「瘡の王」と解釈する人もいる。

明治の文豪尾崎紅葉は胃ガンに侵され大変苦しめられたが、クサノオウ（漢方では白屈菜《はくつさい》）を用いたところ痛みがなくなったという。そんなことからひところ胃ガンの薬とさえ宣伝されたことがある。これには麻酔性のアルカロイドが含まれているので、その鎮痛の効果のためと考えられる。薬はまた毒にもなる。うかつな扱いはできない。

いつの頃からか、この草がどういうわけか我が家の横を流れる排水溝の脇に住みはじめたのである。石垣の間にも黄色い花をいくつも咲かせている。観察には格好な到来種と大切に見守っていくことにした。

花が終わった後よく見ると、マッチ棒に似

たさく果（種がさやの中にできるもの）が立っている（写真の右側に立っている棒状のもの）。熟すとさやがはじけ、中から小さな丸い種子が四方に飛び散る。ところがその黒い種子をよく見ると、どれにも白い脂肪の塊（種枕《しゅちん》またはエライオソームという）のようなものが付いている。どうやらこの白い物がアリの大好物とみえて、散らばっている種子をせっせと石垣の奥の巣の中に運び込んでいく。このようにしてクサノオウはアリに好物を与えて、自分の子孫を広げてもらっているのである。花の知恵にはただ驚くばかりである。

●秋空に横たわる貴婦人

57 リンドウ

リンドウ科

リンドウの名は漢名「龍胆《りゅうたん》」に由来し、その音読みが変化したもの。龍の胆《きも》とはすごい名だ。多年草で大昔から苦味健胃薬として利用されていた。良薬は口に苦しで、よほど苦くて大いに効きめもあったのであろう。

葉はササの葉に似ていて、目立った三本の脈があり、茎を抱くように対生に付く。別名ササリンドウとも呼ばれ、これを図案化したものが源氏の紋所《もんどころ》である。

茎は高さ二十〜六十センチくらいで斜めに傾き、先端と葉のつけねに青紫色の花を付ける。蕾は左巻きに抱きかかえるように重なり会う。花冠は筒状で先端は五つに裂け、その裂け間にさらに小さな裂片がついている。

雄しべは五本、花冠の内面に付着していて、開花するとすぐに花粉を出すが、雌しべは一、二日経ってから柱頭の先が二つに割れ、他の花からの花粉を待ち受ける。これは自家受粉を避けるための巧妙な仕掛けなのだ。花は夕方暗くなりかけると閉じてしまい、日が当たるとまた開くという運動が数日続き、そして最後は閉じたままになる。その間にハチやハナアブなどがやってきて花粉を媒介してくれる。果実は細長いカプセル状になり熟すと二片に裂ける。種子は非常に小さいがよく見るとまわりに翼がついていて遠くへ飛散できるようになっている。

多摩丘陵には四種類のリンドウが自生している。春にはちょうど筆の形をした青紫の花を咲かせるフデリンドウと背丈が低く小さい花を付けるコケリンドウが、秋にはリンドウと淡紫色の花を付けるツルリンドウが見られる。ツルリンドウは花の終わった後に鮮やかな紅色の果実を付ける。かつてはいずれも山道などで普通に見られたが近頃ではめったにしかお目にかかれなくなったのは本当に寂しいことだ。

秋の彼岸頃、花屋の店先に濃い紫色の花をたくさんつけたあのリンドウはエゾリンドウで長野県や東北の寒冷地で栽培されたものだ。昼と夜の温度差が大きく、紫外線が強くないとあのような鮮やかな紫色がでない。

龍胆の花かたぶきて殊勝さよ　　路通

澄み渡った青空の下にひっそりと咲き、くさむらに寄り添うように横たわっている柔和な姿態を見ていると、遠く平安の貴婦人たちの姿が重なって見えてくる。

上：リンドウ
Gentiana scabra ゲンチアナはB.C.5世紀のイリュリアの王の名に因む。スカブラ「ざらざらした」。

中：フデリンドウ
G.zollingeri ゾルリンゲリ（オランダの植物学者の名）

下：コケリンドウ
G. squarrosa スクアルロサ（先がそり返る）。

●塩の成る木 ……………………………………ウルシ科

58 ヌルデ

「わあ! 塩っぱい!」。「でも少し酸《す》っぱ味もあるわ」。「海の塩よりは塩っぱくないわ」。何やら口に入れては「ぷい」と吐き出している女性たち。誰かが始めると、他の人も同じように試してみたくなるものだ。掌に載せているものはヌルデの実だった。

ようやく里山にも紅葉の時期が訪れてきた十一月中旬の頃だった。林の中は色とりどり。同じ樹木であっても葉の色の変化はどれもみな違っている。

ヌルデはウルシ科の落葉高木。多摩丘陵には、この仲間のヤマウルシ、ヤマハゼ、ツタウルシが自生している。ツタウルシだけは葉が三枚であるが、その他のものは羽の形(羽状複葉)をしている。しかしヌルデだけはどういうわけか葉柄に翼がついている。

もみぢして松にゆれそふ白膠木《ぬるで》かな　　飯田蛇笏

ヌルデ　Rhus javanica　ルースはギリシャ古名をラテン語化したもので、ウルシ科。ヤヴァニカ「ジャバ産の」。

秋にはウルシ科のものはどれも紅葉するが、日当たりが悪いと黄葉で終わってしまう。特にヌルデの葉は冷気に当たると、他のものはピンとしているのに、萎れてぐったりと垂れてしまう。

花を見たことがない、という人は多い。それもそのはず、花期は暑い真夏。枝の先端にあまり目立たない黄白色で五弁の小さな花が集まり、天に向かって円錐状に付いている。これは雌雄異株で、雌木には果実が房状に垂れ下がる。最初は緑色をしているが秋には赤茶色に、そしてやがて黒褐色に変わる。果実の表面をよく見ると白くて細かい粒子がいっぱい付いている。塩の結晶である。

独学の考古学者藤森栄一氏は、古代の住居跡周辺にはヌルデの木が多いところから、恐らく山に住む古代人たちはヌルデの塩味を利用していたのではないかと推測している。方言にシオノキ、シオカラ、シオナメなどの呼名があり、中国名も塩麸子《えんふし》と言う。また実からは蝋も作った。ヌルデの樹皮に傷をつけると乳液が出てくるが、昔、器物の塗物にこの液を利用した。時々葉にぷくっと膨れた物ができるが、あれはヌルデフシムシによる虫こぶで、ふし（五倍子）と呼ばれ、これに含まれるタンニンを染料・お歯黒・皮のなめしなどに利用した。そんなことからヌルデの語源は「塗る」に由来すると言われている。

今日ではほとんど見られなくなったが、木を削って正月の祝い箸や削り花（粟などの穂になぞらえる）を作るのに用いられた。

●早春に輝く黄金のかんざし……キブシ科

59 キブシ

暖かくなってきた三月下旬の頃、小川の縁に沿って歩いて行くと、丘の斜面に黄色いものが垂れ下がっているのが見えた。キブシの花だ。周辺が急に明るくなった感じがした。キブシ（木五倍子）はキブシ科の落葉低木。やや湿った所を好み、多摩の丘陵地ではよく見掛ける。蕾はまだ葉の繁っている暑い夏の間にすでに出来はじめているのだ！　葉に先立って昨年伸びた枝の付け根に十〜二十個ほど、釣鐘状の黄緑色の小さい花を尾状に垂らす。女の子ならこの小枝を手折ってかんざしにしたくもなる可憐な花だ。

仄《ほの》かなる闇得てそよぐ花きぶし　　上野蕗山

よく見ると花弁もがくも共に四枚。がくは冬の間しっかりと花弁を抱きかかえていたのだ。雄ずいは八本で花弁より短い。雌雄異株で、雌花の方が雄花より少し小さく、花穂《かすい》はやや短い。

雌木には、九月頃、直径七、八ミリの緑色の丸い果実が房状に垂れ下がっているのが見られる。この果実を豆に見立ててマメブシと呼んでいる所がある。

またこの木は一名ズイノキとかツキダシノキとも呼ばれ、昔、子供たちはこの木の枝を十五、六センチに切って、中の髄を細い棒で突き出して遊んだ。勢いよく突き出された髄は、ポンという音を立てて外に飛び出すが、その飛んだ距離で勝負を競ったり、また髄を抜き取った枝を豆鉄砲の筒にし、果実を玉にして遊んだりしたものだ。

まだ油が灯明として使用されていた時代には、このキブシの髄は闇夜を照らす灯心の働きをしていた。それで別名トウシンノキとも呼ばれる。自然から遠ざかり屋内で過ごすことが多い現在の子供たちにはとても想像もつかないことであろう。

キブシ、マメブシの「フシ」は漢名「五倍子《ごばいし》」のこと。これはヌルデの葉や茎にヌルデフシムシ（アブラムシの一種）が寄生してできる虫こぶのことで、多量のタンニンを含み薬用や染料になる。昔、婦人のお歯黒（江戸時代結婚した女性は歯を黒く塗る風習があった）の塗料や染色に使われた。その五倍子の代用としてこのキブシの果実を粉にして用いたのである。またこの青い果実の汁は水虫によく効くと農家の古老から教えられた。一つの木にも私たちの生活と長い関わりがあり、共に生きてきたのである。

キブシ　Stachyurus praecox　スタキュルス「穂＋尾」。プラエコックス「早咲きの」。
雌木（写真上）は９月頃、すでに来春の花芽を枝先につける。

●葉はまゆの糸口探し ユキノシタ科

60 マルバウツギ

真夏のように照りつける日。久し振りに緑地保全地域の中を散歩した。森は濃い緑にすっかり覆われ、照り返す光が目に痛いほどだった。どこからともなく甘い香りが漂ってきた。見上げると高い枝の先にホオの花が空に向って開いていた。しばらく行くと藪のなかからコジュケイのけたたましい声。「あっちいけ、あっちいけ」と、怒鳴っているように聞こえた。いまちょうど子育ての時期なのであろう。

日当たりのいい斜面に、白い花をたくさんつけた枝が静かに揺れていた。近付いてよく見るとマルバウツギの花。細い枝先に可憐な純白の花が群がってついている。

花弁は五枚。雄しべは十本、長いのと短いのが交互に並んでついている。雌しべは三本。不思議なことに花が散った後も落ちることなく、秋にできる坊主頭の実の上に毛のように三本がそのまま残っている。花の下の葉はやや丸い卵形をしていて、柄がなく茎を抱くようについている。普通のウツギの葉に比べると、こちらは丸みがあるところからマルバウツギの名がついた。

上：マルバウツギ　Deutzia scabra　属名はツュンベリーの後援者 J.V.D. デューツに因む。スカブラ「粗い、ざらざらした」。
下：普通のウツギ（ウノハナ）。

押しあうて又卯の花の咲きこぼれ　子規

マルバウツギは関東以西の太平洋側、四国、九州に自生する落葉低木。多摩丘陵に自生するウツギ属にはウツギとマルバウツギの二種類。ウツギ属の木はいずれも幹の中が空洞になっているため、空木《うつぎ》と呼ばれている。またウノハナ（卯の花）という名称は空木の花の略、あるいは旧暦の四月［卯月］に咲く花だからともいわれている。

ところで、多摩丘陵には他にウツギの名がつくものにコゴメウツギ（バラ科）、ハコネウツギ・ツクバネウツギ（スイカズラ科）、ミツバウツギ（ミツバウツギ科）、ガクウツギ（ユキノシタ科）などが自生しているが、これらはいずれも幹に空洞はない。恐らく花や枝の形がウツギに似ているところからウツギの名が用いれたのであろう。

ウツギやマルバウツギの葉はざらつくので、養蚕が盛んだった頃、まゆから糸を引き出すのに湯の中にこの葉を入れて掻き回し、その糸口を見付けた、と農家の古老から聞いたことがある。そう言われてみれば、古い養蚕農家の庭や生垣にはよくウツギまたはマルバウツギが植えられているのを見掛けた。しかし最近ではほとんど別の花木に植替えられてしまった。時代の変化のためであろうか。

●竹の子の不思議…………タケ科

61 タケ

我が家の隣に竹藪があり、毎年竹の子の季節になると、庭のあちこちにモグラのように土を持ち上げ、にょきにょき頭を出す。越境してきたものは自然の恵みと有難くいただいている。ある年の春のことだった。雨が降ってもいないのに物置の板壁が濡れていた。不思議に思って見上げると、何と屋根のトタン板に竹の子がぶつかって折れ曲がっているではないか。その折れ曲がった所から水が滴り落ちていたのである。

まだ中学生の頃だった。ある農家の裏山に大きな竹林があり、その脇の細い農道を、学校の帰りなどに時々友人と一緒に歩いていた。そんなある日、小石を竹林に向かって投げつけ、一つの石で何本の竹に当たるか競ったことがある。古い竹に当たるとカーンと澄んだ高い音が出るが、新しい竹は鈍く太い音がした。こんなことだけでは面白くなかった。高く伸びた竹の子の前に立った時だった。

「おい、この竹の子蹴飛ばせるか」と、とんでもないことに挑戦してきた。「蹴飛ばしてどうするんだ」。

「折れるかどうか賭をしよう」。

「もっと小さいのなら折れるだろうが、そんな太いのは無理だろう」。

そんなことにはお構い無しに、彼は思い切り足を上げて力強く蹴ったのである。何と根元からではなく、先端に近い所からポキーンと見事に折れ、頭の部分が地上に倒れた。それではと私も隣に立っていた竹の子を思い切り蹴ってみた。気持よいほどにばさっと折れて頭から落ちてきた。するとまた次の悪戯を始めた。

「おい、この竹の子裸にしてみようぜ」。皮はそう簡単には剥がれなかった。ちょっとむしり取っただけで諦めてしまった。

一学期が終る頃、この竹藪の小道を歩いていたら頭の上からひらひらと黄ばんだ葉が落ちてくるのに気が付いた。竹は常緑だから葉は落ちないと思っていたら、夏に落葉するのである。春に悪戯して折った竹はすぐに見付かった。太い稈《かん》の途中から上はちょうど穴があいたように青空が見えた。随分罪つくりなことをしたものだとしばらく眺めていた。その隣に一本だけ途中から曲がっている竹があった。不思議に思ってよく考えてみると、どうもあの時に皮を剥いだ竹のようであった。なぜこんなことになったのかとても信じられなかった。その理由はずっと後になって実験してみて初めて分かった。

キッコウチク Phyllostacys heterocycla プュッロスタキュス「phyllo 葉＋ stacys 穂」葉片の付いた包に包まれた花穂の形から。ヘテロキュクラ「いろいろに輪生した、不同数列の」。モウソウチクの突然変異で稈の節が亀甲状になる。

竹の皮の秘密

竹の子は、伸び盛りには一日に一メートル以上も伸び、ほんの二、三か月で一人前？　の竹に完成してしまう。竹の子は生長と共に節間《せっかん》が伸びるが、それはそれぞれの節の所にある細胞の生長点の発達による。そして節間の生長が終るとそれを包んでいた外皮は自然に剥がれて落ちる。したがって片面の皮を無理に剥ぐと、その部分の生長が止まり、皮の付いている部分だけが成長する。そのため稈は皮が剥がされた方向へと曲がるのである。

ある盆栽市で竹の盆栽というものを見たことがあるが、節間がほとんどなく節が何段にも積み重なったように作られていた。竹の生長を極度に抑えて作ったものであろう。竹の性質を逆手に取って芸術品にまで仕上げてしまったのである。

竹の秋・竹の春とは

竹が春に落葉するのはそれなりの理由がある。竹は春に竹の子を出し繁殖するので、その養分がそちらの方にとられてしまう。そのため若竹の生長の終る初夏の頃には、親竹は衰弱し、古い葉を落とすと考えられる。しかし秋にはまた濃い緑色の葉に生え変わる。普通落葉樹は秋に葉を落とし春に新葉をつけるが、竹は春に落葉し秋に緑の葉を出す。それで俳句の季語ではそれぞれ「竹の秋」、「竹の春」と呼んでいる。

空ふかく蝕ばむ日かな竹の秋　蛇笏
おのが葉に月おぼろなり竹の春　蕪村

竹の語源

竹の語源は丈が高いので高《たか》の転化とか、高生《たかはえ》の短縮したものといわれている。また竹の子に「筍《じゅん》」という漢字が当てられるが、旬（十日間）にして竹になるからだともいう。

すでに縄文土器に竹の模様が見られるところから、日本には真竹《まだけ》（漢名苦竹）やハチク（漢名淡竹）などがもともと自生していたのではないかと考えられる。しかし竹で一番太い孟宗竹《もうそうちく》は、中国南部から琉球に渡来したものが、元文元年（一七三六）に薩摩の島津公に献上され、それが後に各地に広がったといわれる。

竹は道具としてまた用材として古くから利用されてきた。『日本書紀』には、ニニギノミコトの妃、コノハナサクヤヒメが皇子を出産したとき、竹刀でへその緒を切り取ったという話が載っている。『万葉集』の歌から屋敷に植えられたり、垣根に利用されていたことが分かる。

竹は古来不思議な植物であると見られていた。土の中から茶色の皮を被って出てきて、ほんの二、三か月で伸びるところまで伸びると外皮を落とし、枝を出し、竹自体はもうそれ以上には伸びることはない。稈には節が何段も付き、節間は中空で燃やすと大きな音を立てて炸裂《さくれつ》するる。こんなことから恐らく大昔の人は竹に神秘性を抱いたり、生命力を感じていたのではないかと思われる。

竹の開花の不思議

竹の開花についても現在なお不明な点が多い。これまでにいろいろな説が出されてきた。六十年に一回咲き、その竹は枯れるというが、これは干支の思想に基づいたもので信用できない。その他養分の欠乏、病虫害、気候の乾燥、太陽黒点の影響などの説もある。最近の説では竹の中の炭素と窒素の割合の変化で、花芽が出来るかどうかが判断できるという。また株分けされた竹の開花周期はその親株と同じである（遺伝性）ともいわれている。

竹は地上部が枯れてもあるいは切り取られても、根は枯れることなく地中にしっかり張り付いている。そんなことから河川の堤防や山の斜面に植えられた。地震になったら竹藪に逃げろとよく聞かされていたが、都市化が進むにつれてだんだん竹藪も見られなくなった。一方、農村地帯や都市近郊の里山では、竹の利用がほとんどなくなったため、林や畑に侵入し悪者扱いにされている。でも最近この悪者を何とか活用しようと、竹炭や竹酢《ちくさく》作りで活性化しようとしている所もある。かつては広く利用されていた竹を、もう一度見直してみたいものである。

● 縄文時代からの調味料

62 サンショウ

ミカン科

新緑の山道をしばらく登って行くと前方が急に明るくなった。コナラやミズキやヤマザクラなどの雑木林が広がっていた。はるか遠くの田畑や人家まで眺望のきく見晴らしのいい所でちょっと休むことにした。いくらか天上に近いこのあたりの空気はさすがに新鮮で、新緑の香りが漂っていた。

ふと何処からともなく覚えのある香りが匂ってきた。「サンショウだ！」近付いて見ると細い刺が左右についている。葉を取って揉むと強い香りがした。

サンショウの葉を日光に透かして見ると、ぽつぽつと小さな点（油点《ゆてん》）があることに気付く。ここに精油が入っていて、つぶすとサンショウ独特の芳香が漂ってくる。雌雄異株で、雄花は花弁がなく五個のがくと五本の雄しべだけである。雌花は非常に変わっている。たいていの雌花は子房（種子のできる所）は一つであるが、サンショウの雌花には子房が離れて二つ付いている。ということは、果実が二個できるということである。それで花の終わった後で見てみると、一本の柄の先にどれも二個ずつ丸い玉が付いている。

青い果実は初冬の頃になると赤茶色になり果皮が二つに裂け、中から黒光りのする種子が現われる。それがすぐに下に落ちるかと思うと、種子の一端が皮の内側に二、三ミリほどの細い糸でつながっている。種子自体には飛び散るすべがないので、風か小鳥の助けを待つしかないのである。

サンショウの仲間にイヌとカラス

サンショウによく似た種類にイヌザンショウがあるが、サンショウのような香りがない。また刺が上下に互い違いについているのですぐに見分けがつく。カラスザンショウは大きな複葉で木全体に刺があり、高さが十メートルほどにもなる大木に出会うこともある。

どれもみな同じ仲間の中で、刺のない朝倉サンショウというのがある。兵庫県の朝倉で発見された変種で、まだ小さいうちは刺があるが大きくなるとなくなる。これは葉も実も大きく香りもいいので栽培もされている。

サンショウは日本全土に自生しており、漢字で「山椒」と書かれる。「椒」は果実の辛いこと（辛いのは種子ではなく周りの皮の部分）を表し、山にあって辛いものという意味である。胡椒（コショウ）、蕃椒（トウガラシ）なども辛いものであることを意味している。また「椒」

サンショウ　Xanthoxylum piperitum　「クサント（黄）＋クシュロン（材）」。ピペリツム「コショウのような」。

はハジカミとも読まれる。辛くて顔をしかめることが、はにかむ状態に似ているからだという。

『魏志倭人伝《ぎしわじんでん》』によると邪馬台国《やまたいこく》(三世紀頃の日本)の樹木や草について「薑《きょう》(ショウガ)、橘(タチバナ)、椒(サンショウ)、蘘荷《じょうか》(ミョウガ)あるも以って滋味と為すを知らず」とある。また青森県の遺跡から発見された土器の中からサンショウの実が出てきたことから、縄文時代からすでに利用されていたものと考えられる。

『和名抄』には漢名の蜀椒《しょくしょう》が出ており、その和名は「奈留波之加美《ナルハジカミ》」と呼ぶと書かれている。ところが『古事記』や『日本書紀』にはただ「ハジカミ」と記されている。

サンショウの利用と効用

サンショウの新芽は香りがよくまた色も美しいので春の料理には欠かせない。昔から日本人はサンショウには特別な趣向を抱いていたようで、「木の芽和《きのめあえ》」「木の芽味噌」「木の芽田楽《でんがく》」などのように、「木の芽」といえばサンショウの芽を指すようになった。

山椒の若葉をつめば山椒の香こそただよへむせぶばかりに　　大悟法利雄

正月元旦に飲むお屠蘇《とそ》にはサンショウが用いられているが、これは古く中国の習俗に倣ったもので、長寿とその年の無病を祈願して飲まれている。日本では平安初期、嵯峨天皇の頃から始まったといわれている。

屠蘇酒にどんな薬味が用いられていたかは『延喜式』の記録によって知ることできる。蜀椒(サンショウ)の他に大黄(ダイオウ)、桔梗(キキョウ)、桂《けい》(ニッケイ)、烏頭《うず》(トリカブト)、抜葜《ばっしつ》(サルトリイバラ)、朮《じゅつ》(オケラ)、防風(ボウフウ)の八味が挙げられているが、時代によって種類や調合の仕方は異なっていたようである。トリカブトは毒草であるため、その後はほとんど用いられなくなった。現在ではサンショウの実、キキョウやオケラの根、ボウフウ、ニッケイやミカンの皮、アズキなどが用いられている。

サンショウは花も葉も実も皮もみんな利用できる。他に塩漬、味噌漬、佃煮、振りかけなどさまざまな方法で利用されている。また薬効としては、胃の働きを活発にし発汗作用がある。関節痛や下痢にも有効であるという。「サンショウの擂粉木《すりこぎ》が最高だ」という話を旅先で聞いたので、友人の土産に差し上げたら、後日電話の向こうから朗らかな女性の声。「これからは主人にさんざんゴマを擂っていただきますわ」。

XIV 歴史と共に生きた草木

63 イチョウ

●焼け野原から生き返った……イチョウ科

近所の神社に大きなイチョウの木が立っていた。戦後の食糧難の時代だったので、台風が過ぎた翌日の朝などは、競って銀杏《ぎんなん》拾いに大勢の人が集まって来た。乾燥した銀杏を、母はフライパンでがらがら転がしながら炒ってくれた。一つ一つ歯で割って淡黄色に焼けた実を口に入れた。「あまり食べると鼻血が出るぞ」と言って、母は残りを食べ始めた。なぜ鼻血が出るのか、そんなことは知る由もなく、初めて食べたあの味を不思議に今もよく覚えている。

ところで、あの臭い銀杏の実は果実なのか種子なのか、それは疑問だ、などと言って食べている人は誰もいないであろうが、あれは全体が種子なのである。あの臭くて軟らかい部分が外側の皮にあたり、銀杏の殻は内側の皮ということになるのである。

根のように垂れ下がったイチョウノチチ

雌木にはギンナンができる

イチョウ　Ginkgo biloba　ギンゴ・ビローバ。ギンゴは漢名銀杏（ぎんきょう）による。正しくはGinkyo。印刷ミスからyをgと間違えた。ビローバは「二つに裂けた」意味。葉の中ほどが切れ込むことによる。

銀杏はイチョウの種子であるが、時々イチョウを銀杏（の木）と言ったり、銀杏と漢字で書いてイチョウと呼ぶ人もいる。

イチョウはイチョウ科の落葉高木で、これと同じ種類のものがないため、これだけで一科一属一種と独立した存在になっている。

イチョウがこの地球上に現れたのは古生代（一億五千万年前）で、三千万年前までは北半球に広く分布していたといわれている。

葉の化石が石川県能美郡手取層、岩手県久慈の地層、北海道の石炭層などから出ている。今日残存しているものは中国においてだけで、まさに「生きている化石」とも言われる所以である。日本のものは、昔、中国に渡った修業僧などによってもたらされたものであろう。古い寺院に老木が多く見られるのはそのためかもしれない。

イチョウの語源は「一葉」から転化したという。漢名は「鴨脚樹《おうきゃくじゅ》」というが、葉の形がカモの脚に似ているからである。なおこの中国音は「ヤチャオ」と発音され、後にそれがイチョウと言われるようになったともいう。「公孫樹」という名称は公（私という意味）が植えて孫の代になって実を食べるからだという。漢名の「銀杏」は、堅い種子の形が杏《あんず》の種に似ており、殻を割ると実の周りに銀白色の薄い膜が付いているところから名付けられた。

金色のちひさき鳥のかたちして銀杏ちるなり岡の夕日に　与謝野晶子

イチョウは黄葉する木の中でも代表的な木で、葉は真黄色に染まる。ところでその葉の一枚を手にしてよく見ると、扇形をしていてその根元がただ細く柄のようになっている。つまり他の木のように葉と葉柄《ようへい》の区別がなく、同じ組織体で出来ていてただ細くなっているだけなのである。変わっているといえばもっと変わったものがある。

時々大きな枝や幹から乳房状のものが垂れ下がっているのを見掛けるが、あれは実に奇妙なものである。根のように見えるが根ではない。かと言って枝でもない。俗にイチョウノチチと呼ばれ、軟らかい細胞からなっていて豊富な澱粉を含んでいる。そのため昔は、出産真近かな妊婦や母乳の出の悪い母親はあの部分を切り取って食べたという。

イチョウの受粉と受精の仕方もちょっと変わっている。花は四月から五月上旬頃咲き、雄花は短い穂状《すい》、雌花は細い棒状をしている。受粉はこの時期に行われるが、受精は九月上旬まで待たなければならない。実に気の長い話である。この約四ケ月間は休んでいて、やがて活動を開始し精子を送り込むのである。実はこの精子の正体を世界で最初に発見した人が平瀬作五郎（一八九六年）で、これによって日本の細胞学が世界中から注目されるようになったのである。

その実験に用いられたイチョウは現在も小石川植物園に立っており、毎年たくさんの銀杏をつけている。

イチョウは長寿で大木になるが、天然記念物として保存されているものもある。岩手県九戸町の長泉寺のものは幹まわり十四メートルもある。鎌倉の鶴岡八幡宮のイチョウは承久の昔、あの木の陰に隠れていた別当公暁が、通りかかった源実朝を刺し殺したことで有名である。また、火災から生き返ったというイチョウの木もある。東京の大空襲で、浅草の観音堂側の大イチョウはすっかり焼けてしまったがその幹から芽を出した。人々は観音さまの霊力によるものだとこの木を崇敬している。

広島の原爆で焼けたイチョウは枯れてしまったものと思われていたが、数年後見事に生き返り、根元から芽を吹き出してきた。イチョウの木の幹は外側が厚いコルクの層で覆われているので、葉や枝が焼けてしまっても生きているし、たとえ地上部が焼けたりあるいは切断されても根から芽を出してくる。実に強い生命力をもった木である。だからこそ何千万年もの長い年月を生き続けてこられたのかもしれない。

● 一里塚の木はなぜ榎　　　　ニレ科

64 エノキ

急な坂道を登っていくと、目の前に大きく枝を広げた木が見えてきた。梢の方で小鳥たちが賑やかに囀《さえず》っている。近付くと一斉に飛び去っていった。葉は少し黄色味を帯びており、すでに葉を落とした小枝も見える。細い枝の先端に橙色をした大豆粒ほどの実がついている。地面に落ちていた実を二、三粒口に入れてみる。

甘い！　エノキの実だ。小鳥も好きなわけである。特に椋《むく》鳥は冬の食糧にこれらの実を積み藁などの中に隠す習性がある。歳時記にこんな句がある。

榎の実ちりむくの羽音や朝あらし　　芭蕉

あんな大きな木にしては、果実はあまりにも小さく、直径わずか七、八ミリ。しかし太古の遺跡からは多量の種子が発見されていることから、われわれ先祖の人たちは大昔からエノキやムクノキの実を食べていたのであろう。

四月初旬、南アルプスの山々を背景に安曇の田園風景がテレビで放映されたとき、田の畦道に立っている一本の大きなエノキの姿が画面に映った。堂々とした木で、空に向かって大きく広げた枝々は実に美しく、線画のように浮き立って見えた。「この木はもう何代目かになるが、ずっと田を見守り村を見守ってきたのです」と、農家の人が語っていた。

京都には榎大明神、東京には赤坂の榎坂、板橋区の縁切榎など「榎さま」の遺跡が知られているが、人の生活との関わりは古い。

エノキの呼名の由来については、枝の多い木であるから「枝木《えのき》」、器具の柄にしたので「柄木《えのき》」、小鳥が好んで食べるので「餌木《えのき》」、よく燃える木なので「燃木《もえのき》」から、などさまざまな説がある。

エノキはニレ科の落葉高木で、日本全土の山林に自生しており、神社や寺院の境内にも見られる。エノキの葉は広卵形またはだ円形で葉の表面はざらつき、葉の縁の両側上半分にぎざぎざした鋸歯《きょし》がある。最も特徴的なものは葉の基部から太い脈が三本出ていることである。一方、ムクノキは主脈からは五、六本もでており、葉の縁全体に鋸歯があるので区別がつく。またエノキの果実が橙色になるのに対してムクノキは黒くなる。

エノキの漢名は「朴樹」。日本では木偏に夏と書いて「榎」という国字を用いている。この

たくさんの実をつけたエノキ

樹液を吸うオオムラサキ

エノキ　Celtis sinensisvar.japonica　ケルティスの元の意味はアフリカ産のハスの一種。古代ギリシャのホメロスがたたえたlotusの甘い果実に似た実を付けることからの転用。シネンシス「中国の」。日本のものはその変種。

木は夏によく茂り、横に大きく広がる。そのため日除けや風除けに格好の樹木として、古くから庭園や道端に植えられたようである。鎌倉時代の『夫木《ふぼく》和歌集』にこんな歌がある。

川端の岸の榎は葉をしげみ路ゆく人の宿らぬはなし　　藤原為家

徳川時代にはエノキが主要な街道の一里塚に植えられたが、それより三百年も前にこの歌は詠まれている。このように昔からエノキの緑陰は旅人たちと深い関わりがあったように思われる。

三代将軍家光の時代、旱魃《かんばつ》に見舞われ江戸に往き来する旅人たちで死ぬ者が大勢でたので土井大炊頭《おおいのかみ》利勝に街道の左右に松を植えさせたが、松だけでは旅をする人が退屈するので、一里塚を築かせ、そこに松と紛らわしくない「余の木を植えよ」と命じた。ところが老年で耳が遠かった大炊頭は「余の木」を「エノキ」と聞き違えてエノキを植えさせたという。この話は白川楽翁（松平正信）による『一里塚始』の「雨窓閑話」によるものであるが、これに似た話は他にもある。

エノキの緑の葉を食べ、紫色の羽を広げて舞うオオムラサキという大型の蝶がいる。北は札幌から南は鹿児島までに生息している国蝶であるが（青森・北海道ではエゾエノキの葉を食べる）、この美しいオオムラサキの数が毎年減少しているという。

オオムラサキは幼虫の間はエノキの葉だけを食べて育つが、成虫（蝶）はコナラ、クヌギ、クリなどの樹液を吸って生きる。またゴマダラチョウも同様の生活をしているが、最近これらの蝶が見られなくなったのは、環境の悪化や雑木林の減少に他ならない。

オオムラサキにしろゴマダラチョウにしろエノキの木だけでは生きられない。周辺に広い雑木林があり蝶たちを呼び寄せる樹液酒場が必要なのである。

現在日本各地で、これまで放置され荒れ果てた里山を再生しようという運動がある。山梨県長坂町の県有林〇・五九ヘクタールはオオムラサキ保護条例で保護されることになった。これは恐らく日本で最初に制定されたオオムラサキ保護条例であろう。

今や緑地がどんどん消滅していくなかで、この蝶を梃《てこ》に掛け替えの無い自然を保全していこうとする運動は高く評価されるべきことである。そしてその活動のほとんどが、市民の熱心なボランテイア活動によって支えられているという。

●絹と共に去りぬ

65 クワ

クワ科

六月初旬の観察会の時である。道端に大きな桑の木が立っていた。枝が撓《たわ》むほどに赤い実や黒い実がたくさんついていた。

「あら、おいしそう」と一斉に木の下に駆け寄っていった。「なつかしい味だわ」。「久し振りに食べたわ」。などと言いながらめいめい大きな口に放り込んでいた。

「そんなに食べると腹が黒くなるぞ」と横で見ていた年配の男性。「そんなの真赤な嘘よ」とすかさずやり返す女性。「これで酒を造ろう」という人がいれば、「ジャムにするとおいしいわよ」と勧める人もいる。経験者はさすがに苦労して生きてきただけに知恵が働く。

黒く又赤し桑の実なつかしき　　高野素十

桑の実がなつかしいと感じている人は、ほとんど戦争中か戦後の食糧難の時期に育った人で

クワ　（ヤマグワ）Morus australis　モールス「桑の木」。オーストラリス「南方系の」。（『図解植物観察事典』）

あろう。

クワ（クハ）の語源はカイコの「食う葉」、あるいはカイコが食べることからコハ（蚕葉）が転じたものだという。養蚕に使う桑は、作業がしやすいように低く育てているが、放置しておけば五メートル以上にも伸びる。西行にこんな歌が残っている。

浅川を渡れば富士の影清く桑の都に青嵐吹く

この歌は『武蔵風土記』にも記載されており、「桑の都」とは現在の東京都八王子市に当たる。文政年間、塩野適斎が著した『桑都日記』、『桑都古意』も桑の都、絹織物の八王子が舞台になっている。現在もかつて絹を運んだ「絹の道」の一部が保存されている。またJR八王子駅北口の約三百メートルの間、道の両側に桑の木が植樹されているが、桑の街路樹は恐らく世界中でここだけであろう。

日本には昔からヤマグワが自生していたが、良質の繭《まゆ》を生産するため、中国渡来の魯桑《ろそう》、唐《から》山桑《やまぐわ》（真桑《まぐわ》）が多く栽培された。変わった種類に香篆桑《こうてんそう》というのがあり、枝の各節が屈折し、全体がねじれたようになる。

桑は雌雄異株（希に同株）。花は新しい枝のつけねに穂の形をして下向きに垂れる。黄緑色の小さい花が集まって咲くので、ほとんど目立たない。花弁はなくがくだけで、雄花は四個のがく片と四本の雄しべだけ。雌花は雌しべ一本。花柱の先が二つに裂ける。

絹織物は中国においてすでに紀元三千年前に知られており、日本へは紀元前後の頃朝鮮を経て伝えられ、弥生後期の頃にはすでに養蚕は始まっていたと考えられる。

『日本書紀』によれば、第二十一代雄略天皇の皇后は桑の葉を摘み蚕を養ったという。また第四十一代持統天皇の段には「桑・紵《からむし》・梨・栗・蕪菁《あおな》等の草木を勧め植ゑしむ、以て五穀を助く」とあり、養蚕を農業の根幹に置いていたことが分かる。

桑は古くから薬用としても利用されていた。『延喜式』（典薬寮）には桑根白皮《くわのかわ》と桑茸《くわのたけ》が見られる。春発芽前に根を掘り起こし、コルク皮を除き火にあぶって乾かす。この煎じ液は消炎、利尿、解熱、鎮咳、去痰に有効であるという。桑茸はキクラゲのこと。

相次ぐ新繊維の開発で、絹と共に桑の木もだんだん見られなくなってきた。ところが、最近桑の葉が医薬品や健康食品に活用されつつある。乾燥した葉のお茶は五臓の働きを活発にし、目にも良く、養毛の効果もあるという。また高血圧予防に毎日飲んでいるという人もいる。果実は桑椹《そうじん》といい、不眠症や冷え性に有効、などと良いことづくめである。中国では桑の葉は大昔から飢えや飢饉のときに生命を支えた貴重な植物でもあった。

私がまだ少年の頃、雷が鳴りだすと「桑ばら、桑ばら」と唱える人がいた。調べてみると、菅原道真配流の後、度々落雷があったが、菅原家所領の桑原には一度も落ちなかったという言い伝えから、これにあやかるためであるという。桑の木がだんだん消えていくにつれて、こんな呪文《じゅもん》の意味も忘れ去られたようである。

66 キク
●野菊という菊はない

春の若葉の頃、私はときどき田んぼに生えているヨメナ、タネツケバナ、セリ、ナズナ（ペンペングサ）などを採ってきて、おひたしやテンプラにして食べている。

そんなある日のこと、娘は「馬や牛であるまいし、なんでそんなノグサを食べるの？」と軽蔑して言うのであった。それにしてもノグサとは何とも耳障りな言い方をするものだ。後日その仕返しというわけではないが、何知らぬ顔をしてヨメナを「ホウレンソウのゴマ和えだよ」と言って出したら、一皿全部たいらげてしまった。うまくゴマかしてやったと一人で苦笑したのを思い出す。

ヨメナは秋になると淡い紫色の花を付け、畦道や川辺でたいてい横たわっているのを見掛ける。すでに奈良時代から食べられており、『万葉集』にはウハギという名で出てくる。

春日野に煙り立つ見ゆ少女《おとめ》らし春野のうはぎ採《つ》みて煮らしも（巻十・一八七九）

ヨメナ Kalimeris yomena　カリメリス「美しい部分」。花弁が美しいことから。ヨメナの日本名が学名に。

一般に栽培される園芸種を家菊というのに対して、野生の菊を野菊という。別に野菊という種類の菊があるわけではない。東京周辺ではヨメナ（カントウヨメナ）の他にユウガギク、ヤマシロギク（シロヨメナ）、ノコンギク、リュウノウギクなどの花が見られる。

ところで、これらのキク科の花は、一見一個の花のように見えるが、実は小さな花の集合体なのである。茎の頭に付いている花（頭状花という）を分解してみると、小さな花が何十個も集まっており、それぞれにみんな雄しべと雌しべが付いている。やがて花が咲き終わると、白い毛（冠毛）を伸ばし風に乗って飛んでいく。

野生の菊には園芸種のような華やかさがなく、清楚で野趣に富んでいるところから、多くの人々に好かれているようである。

一方、栽培種の菊はもともと日本にはなく、中国から渡来したもの。中国では菊は四君子(蘭・竹・梅・菊)の一つとして他の草木より品位のある植物として高く評価されている。

日本では、奈良朝末期頃から、中国の重陽《ちょうよう》の節供に倣って菊花の宴や菊酒を飲む行事が行われるようになったが、その菊も黄色の菊が好まれた。それは帝王の色であり、高貴を表徴する色であったからである。皇室の紋章も黄金色の菊花(一重菊十六弁)であるが、最初に採用されたのは御鳥羽上皇のとき(一一八五)といわれている。

盃に菊の花をうかべて飲む菊酒の行事は『源氏物語』や『枕草子』にその様子が記されている。また、菊の花に綿をかぶせておき、綿にしみた露で顔や身体をぬぐうと若返り、長寿でいられると信じられていた。

最近、花を見て楽しむだけでなく、食べる菊もある。食べるなんてもってのほかといいながら、その名も「モッテノホカ」という食用菊が観光名物として大変好評のようである。

江戸時代一般庶民の間で、菊を飾り、粟飯を食べて佳節を祝い、菊酒をたしなむようになった。また園芸熱も高まり栽培技術が進歩し、新品種が続出した。江戸中期には、「菊合せ」が流行し、優劣を競った。そして勝ったほうの「勝菊」は高値で売買されていた。

全国各地で毎年菊まつりや菊の展示会が盛んに行なわれているが、たいてい菊人形が飾られ大変な人気をあつめている。菊人形が最初に作られたのは文化初年(一八〇四)、現在の東京麻布の狸穴《まみあな》だったといわれている。ほんの二、三週間の花の寿命にもかかわらず、それを素材にして芸術作品にまで仕上げてしまう日本人の創造力は大変なものである。

菊は秋だけのものではなく、冬に咲く寒菊、夏に咲く夏菊などがあるが、今日では一年中菊の花が見られるようになった。それは菊の生理現象をうまく利用して日照時間と温度を調節して栽培しているからである。

菊の花芽分化（花芽ができる現象）に最適な日照時間は十時間以内で、これ以上光を当てると、いつになっても花が咲かないのである。そこで日が長い時期に開花させたいときには、黒いビニールやカーテンなどで覆って日照時間を短縮する。また反対に日が短い時期に開花させたいときには、照明で補ってやればよい。また菊は花が萎れても茎や葉が緑でしっかりしていれば、その部分を切り取って挿木しておくと、不思議とちゃんと根を出し、生き返ってくる。

●老樹は刺を隠す

67 ヒイラギ

モクセイ科

十月下旬のある日のこと、農家の前を歩いていたら甘い香りが漂ってきた。門のすぐ脇に大きなヒイラギの木が立っており、垣根の外まで枝を広げていた。見上げると葉の付け根に小さな白い花が数個かたまって咲いていた。キンモクセイは香りは強く、花も黄色でよく目立つが、ヒイラギの方はひっそりと咲き、何となく控え目で気品のある香りがする。ヒイラギの葉には鋭い刺があり、触れるとひりひりと痛むので「疼《ひひら》ぐ」意味から「柊《ひひらぎ》」と呼ばれるようになったという。花は冬に咲くと思っていたら、実際には十月から十一月にかけて咲く秋の花である。

柊の指さされたる香りかな　　石田波郷

子供の頃、ヒイラギの葉の刺を親指と人さし指の間に挟んでフッフッと息を吹きかけると、風車のようにくるくる回るのが面白くて、仲間同士で息の長さを競って遊んだものだ。若木の

若木の葉には鋭い刺がある

老樹の葉は別ものの様に丸くなる。

ヒイラギ Osumanthus hetero-phyllus
オスマンタス「香りのある花」。ヘテロフィルス「異葉性の」。

葉の縁には二から五対の刺があるが、五、六十年も経った古い木にはその刺がなくなり、丸みのある葉に変わってしまうのである。どことなく人間の性格にも似て、愛着を感じさせる。

そういう老樹でもときたま枝先に出した新葉を見ると、その本性を現して周りに鋭い刺を光らせている。そこでは刺のない葉の枝を、挿木したらどうなるか試してみたら、それはそのまま刺のない木として育っていった。しかし刺のない木の種子を蒔いても、刺は出てきた。

江戸時代の『花壇地錦抄』に「めひいらぎは葉にはりなし、鬼ひいらぎは葉にはりあり」と述べているが、刺のあるなしで雌雄を区別していたのであろうか。また葉の変化が多く、縁が白や黄色の覆輪、亀甲状やモミジ状に裂けるものなどがあり、ヒイラギは不思議な木と思われていたに違いない。

花は合弁であるが四片に深く裂けている。ヒイラギには雄花だけの株と両性花の株がある。雄花には雄しべ二本と退化した一本の雌しべがつき、両性花には雄しべが二〜四本と、よく発達した雌しべがあり長い花柱が見られる。果実はだ円形で翌年の七月頃、熟すと紫黒色になる。

『古事記』には「比比羅木《ひひらき》」として現れており、ヤマトタケルノミコトが東征の際に、この木で作った「八尋矛《やひろほこ》」を父・景行天皇から授けられたとある。民族学者の石上堅博士はこれは武器ではなく、邪霊を圧え鎮めるための信仰呪具だったという。また『延喜式』には、卯杖《うづえ》として献上されたことが記されているが、すでに古代からヒイラギには邪鬼悪霊を追い払う力があると信じられていたようである。

方言では、触れると痛いところからイタイタ、刺があるのでヒイバラ、ヒイラギの刺で鬼を追い払うことからオニノメツキ、オニバラ、ネズミサシといった呼び名やカミナリヨケという面白い言い方もある。

節分の行事は中国の習俗に倣ったもので、もとは十二月晦日に宮中で行なわれる厄払いの儀式であった追儺《つうな》（別名「鬼やらい」）がその起源であるといわれている。江戸時代には「柊売り」が「豆殻、柊、赤鰯」と言いながら売り歩いていた。

古い墓地の周りにヒイラギが植えられているのを見掛けるが、あれは鬼や悪霊を近付けないためだったのだろうか。昔は村の境界にヒイラギを植えたり、橋のたもとにヒイラギの枝を刺したりしていたが、疫病や外敵を除ける呪いにしていたのであろう。

ヨーロッパにはセイヨウヒイラギ（イングリッシュ・ホリー）があり、クリスマスの飾り物に使われている。これは日本のヒイラギとは別種でモチノキ科。葉は日本のものは対生であるが、こちらは互生。花は五〜六月に白い花を咲かせ、冬に赤い実をつける。

ヒイラギは、ヨーロッパでも邪気や悪魔をはらうのに用いられるとのことであるが、日本と共通している点で大変興味深い。

●色変えぬ松の若ざかり……マツ科

68 マツ

「どどーん」と突然大きな音がした。松の枝に積もった雪が雪崩《なだれ》のように雪煙を立てて落ちてきた。山の斜面はエゾマツの林になっていて、雪の松林は危険だから入らないように、と親からしばしば言い聞かされていた。雪崩がしばしば起こるだけではなく、雪に埋もれた枝の下が空洞になっていて、知らずに踏み込むと落し穴のように陥没することがあるからである。

ところがそんな空洞を野兎たちはうまく利用して生活しているのである。子供たちは兎たちの足跡を確かめ、その出入口に大根の葉や人参を置き罠《わな》を仕掛けて捕獲するのである。兎の肉は軟らかいが臭みがあるのでカレーに煮込んで食べた。まだ少年であったその当時のことを回想してみると、何と楽しかったことかと感慨無量である。

ところで、私たちは何げなしにマツと言っているが、実はこれは総称で、クロマツとかアカマツ、あるいはゴヨウマツとかハイマツといった種類に分かれているのである。クロマツとアカマツは針状の葉が二枚ずつになっているので二葉松、後者は五枚になっているので五葉松と

クロマツ　Pinusthunbergii　ピーヌスはラテン古名。ケルト語 pin(山)に由来。ツンベルギーはスエーデンの植物学者。

いうわけである。クロマツは樹皮が黒褐色、アカマツは赤褐色のためにその名が付いた。クロマツを雄松、アカマツを雌松と呼ぶ人がいるが、マツは雌雄同株なので、そのような松は存在しない。

クロマツとアカマツは本州・四国・九州全土に自生しているが、主としてクロマツは海岸に、アカマツは内陸に多く見られる。

五月頃、新芽を二十センチくらい伸ばすが、これを松の「みどり」とか「若みどり」と呼ぶ(時々これが松の若葉と誤解されることがある)。雌花はそのみどりの先端に一、二個小さな玉になってつく。雄花はその下に多数付き、花粉を遠くまで撒き散らす。いわゆる風媒花である。受粉は五月であるが、受精は翌年の五月。種子はその年の秋にできる。これが松かさ（まつぼっくり）

と呼ばれるものである。ところが庭園などの松にはあまり見られないのは、木の形が乱れないように早めに新芽を切り取ってしまうからである。

クロマツは根を深く伸ばすので、海岸の岩場でも強風によく耐えることができる。しかし地下水の高い砂浜では、水分が多すぎたり空気が不足するため根は深く潜ることができない。そのため根は上向に伸び、地表から浅い所に広げる。こうして根をしっかりと張る。このように松は環境にうまく適合して生きているが、根元に砂があまり深く積もると枯れてしまう。また反対に、根元の砂が吹き飛ばされてなくなってしまうと、根が地表に露出し根上がりの状態になる。

松は若木でも老木でも一年中変わることのない緑を保っている。それでこんな俳句も。

七十や色かえぬ松の若ざかり　　也有

松は常緑樹ではあるが、毎年初夏の頃、新旧の葉は交替しているのである。ただ私たちが気が付かないだけである。

松といえば、戦中派の方には思い出されることがある。山から松の古い根っ子を掘り起こしてそれから油を採った。つまり松根油がガソリンの代用とされたのである。

家庭でも燃料が自由に手に入らなかった時代だったので、松葉や枯木を拾いに出掛けたり、古い松の切り株を掘り起こしてきて燃やした。ところが、これを燃やすともうもうと黒い煙を立て、竈《かまど》も囲炉裏《いろり》も煤で真っ黒になった。

昔、中国人はあの松の黒煙から墨を作ることを考え、書という芸術を生み、水墨画を創造したといわれている。現在はほとんど菜種の油から作られているが、特に松の黒煙からできた墨は青墨と呼ばれ、青みがかった微妙な陰影が出るという。

『万葉集』にはマツを詠んだ歌が七九首もあり、これはハギ、ウメに次いで三番目に多い数である。広重の『東海道五十三次』の図にも樹木といえばほとんど松ばかりで、松が登場しない場面はたったの三枚だけである。日本の三大景勝地といわれている天橋立や三保の松原は、いずれも白砂青松の地であり、松島はその名の如く松と岩の島からなる。

どんなに秋の紅葉が美しいとはいえ、峰に点々と赤松の緑があってこそ、その風景も一層引き立って見えるものであり、どんなに美しい白砂とはいえ、そこに立ち並ぶ黒松があってこそ様になる。とにかく日本の風景には松がつきものであるように思われる。

また、松風にも特別な関心を抱いていたようである。「閑座《かんざ》して松声《ようせい》を聴く」という禅のことばがあるように、細い松葉の間を流れる風の音は変化に富み、様々な音色の音を奏でる。そのため松風は雨や波や琴などの音にたとえられたりする。日本人は過去何千年もの間、いつも身近な木として松を利用し、その姿を眺め、その音を聴いてきたのである。

●七重八重花は咲けども……バラ科

69 ヤマブキ

四月初旬のある日、裏高尾から沢沿いの道を登っていった時である。遥か向こうの斜面に何か黄色いものが木の間に見え隠れしていた。双眼鏡で覗いてみるとヤマブキの花だった。谷間の木陰で静かに揺れている姿は実に見事なものだ。普通は庭や公園でよく見掛けるが、このように自然の中で直接見られるのは本当に幸せである。

ヤマブキの語源は、しなやかな枝が風に揺れ動く様子、つまり「山振」の意味からきたといわれている。

ヤマブキはバラ科の落葉低木。背丈は伸びても二メートルくらい。日本と中国に自生し、一属一種だけである。

今は昔、東京の高田馬場北方、面影橋付近は「山吹の里」と呼ばれていた。江戸時代には都心のど真ん中にヤマブキがあちこちに咲き乱れていたのであろう。古くは万葉の時代から多くの歌人や俳人たちに詠まれている。

八重のヤマブキ

ヤマブキ
Kerria japonica　ケリアはJ.B.Ker（1764 — 1842）の名に因む。中国で八重ヤマブキを発見しイギリスに紹介した。

一重のヤマブキ

シロヤマブキ

ほろほろと山吹散るか滝の音　　芭蕉

ヤマブキを長年観察していたら意外なことに気が付いた。一年目の茎は、最初は直立しているが、夏から秋にかけてだんだん横になる。二年目には、その茎から三、四センチの短い枝を多数出し、新しい葉を三枚ほどつける。そしてその短い枝先に五弁の花をつける。つまり最初の一年目の茎は、翌年の花を咲かせるための栄養を蓄えておく栄養枝なのだ。そして三年目以上になると「あんな素敵な花をたくさん咲かせていたのに」と、惜しまれながらも自然に枯れていくのである。

このようにヤマブキやモミジイチゴなどの灌木は、大きな木にはなれないが、毎年根元から新しい芽を出し、世代交替を繰り返しているのである。

ヤマブキに似て、白い花をつけるシロヤマブキがある。花や葉の形がヤマブキに似ていて、白花をつけるところからそのように呼ばれているが、これは別の属に所属する。

大きな違いは、ヤマブキの花弁は五枚で、茎が緑色、葉が互生につくのに対して、シロヤマブキの花弁は四枚で、茎は茶褐色、葉は対生で、花後に黒く光る果実が四個つく。

ヤマブキをヨーロッパへ最初に紹介した人はケンペル（一七一二）で、次いでツンベリーも

『日本植物誌』（一七八四）で紹介したことにより、広くヨーロッパ人に知られるようになった。

しかし実物のヤマブキ（八重）がイギリスへ搬入されたのは一八〇五年のことで、それは中国からのものであった。一重のものはそれから二十年後の一八三五年の春のこと、ちょうど花が咲いていている状態で届けられたという。これと同じ年にシーボルトとツッカリーニによる一重と八重の花の美しい色彩図を載せた『日本植物誌』の第一巻が出版された。

かの太田道灌の逸話で有名な「七重八重花は咲けども山吹の実の一つだに無きぞかなしき」という歌を初めて聞いたとき、「実が成らない」という言葉に大変興味を抱き、そのルートを辿ってみた。この歌は兼明親王《かねあきら》が詠んだ歌で、『後拾遺和歌集《ごしゅうい》』（一〇八六）に入っていた。そしてさらに、その本歌とも思われるものが『万葉集』のヤマブキの歌十七首の中の一つに、次のような歌がある。

花咲きて実は成らねども長き日《け》に思ほゆるかも山吹の花（巻十・一八六〇）

［口訳　花が咲くだけで実はならぬとしても、早くから毎日待ち遠しく思われることだ。山吹の花よ］。

「実が成らない」という発想はすでにここから出ていたように思われる。ヤマブキの花には八重と一重があり、八重の花は、しべが花弁に変化したもので果実はできない。しかし一重のものにはできる。できるといっても極く少なく、しかも小さな実で、よほど注意して見ないと気が付かない。緑を背景に黄色の花はよく目立つが、花が散ってしまうと、見向きもされなくなるものだ。

ヤマブキはすでに万葉の時代から庭にも植えて観賞されており、また『源氏物語』(胡蝶の巻)には「銀の花瓶《かめ》にサクラを挿し、金の瓶にヤマブキを」とあるように、生け花にもされていた。江戸時代の『棣棠《やまぶき》図説』(一八三九)には園芸品種十種が図示されているが、現在これらの存在は不明である。

子供の頃、この髄《ずい》を突き出してその長さを競ったり、篠《しの》で作った空気鉄砲の弾丸《たま》にして遊んだものである。髄を花などの形に作って乾燥させたものを皿に浮かべて水中花として楽しんだという人もいる。

自然の中で遊びそして育った人にとっては、こんなヤマブキの木にも懐かしい思い出があったのである。今日のように忙しい世の中になると、花は咲けども風に揺れるあの清楚な美しい姿さえ、ゆっくりと観賞している暇もなくなったように思われるのである。

●祭りの主役になった草花

70 フタバアオイ

ウマノスズクサ科

「早く来て、来て、変わったスミレがあるわよ」。「変な花ね？」。「そんなのスミレじゃないよ」。この花を見たのは初めてという人たちで、葉を裏返しにしたり、花に触れてみている。なるほど葉の形はスミレに似ているが、花は小さなお椀の形をしている。図鑑を広げてみてフタバアオイ（ウマノスズクサ科の多年草）とわかりほっとひと息。

ところで、アオイという名称はよく誤解されるので、ここで一言。

和名のアオイという名称は、あふひ「仰日」、「逢日」、あるいは朝鮮語 Ahok（アウク）からと言われている。現在、普通にアオイと言えば、タチアオイ、ゼニアオイやフユアオイなどのアオイ科の植物を指す。古くは薬用や食用として中国や韓国から渡来したものであり、また『万葉集』の「後も逢はむと葵花さく」（巻十六・三八三四）の葵もアオイ科のフユアオイを指すといわれ、「逢ふ日」に掛けた表現になっている。

しかし京都でアオイといえば、ウマノスズクサ科のフタバアオイを指す。これは葵祭には欠かせないものになっている。

フタバアオイは地上に長い茎を這わせ、節々から葉を二枚出し、その葉の間に淡い紅色がかった紫色の花を一つつける。葉はやや丸みのあるハート型で、どの茎にも二枚ずつつくところからその名がついた。賀茂神社の祭礼にはこのフタバアオイの葉が用いられるところから、カモアオイとも呼ばれる。他に二葉草・両葉草《もろ》・かざし草という呼び名もある。祭礼（現在は五月十五日）には冠や烏帽子《えぼし》にさしたり、牛車《ぎっしゃ》のすだれにつけたり、桟敷や社前、家々の軒などに飾ったりする。またフタバアオイを井桁《いげた》に組合せ、古来、神の依代《よりしろ》として神聖視されているカツラ（桂）の木の枝に差し、祭壇に供えて神を迎える。

かけてけふ世々の葵の二葉哉　　宗牧

葉は冬には枯れるが、春にはまた相対した二枚の新しい葉が出てくることに、一種の神秘性を感じたことであろう。そして神と「逢ふ日」にこの草を飾ったのかもしれない。

徳川家の家紋は三葉葵であるが、先祖が三河国加茂の出身であるところから、京の加茂にあやかりアオイを紋所《もんどころ》にしたが、二葉葵では不敬になるとして実在しない三葉葵にしたといわれる。木陰に生きるこんな小さな目立たない草にも長い歴史が潜んでいたのである。

フタバアオイ　Asarum caulescens　アサルム（一説に花が半ば地下で咲くという意味のギリシャ古語から）。カウレスケンス「有茎の」。（『草木図説』）

あとがき

月日の経つのは早いもの。前著『花と日本人』を世に送り出していただいたのはほんの五年前。その間いろいろな方からお手紙をいただきました。「目の不自由な人のための朗読教材に利用させていただき、大変好評でした」とか「植物同好会の教材として皆さんと一緒に読んでいます」というご報告をいただいたり、青木さんという方からは「アオキにこんないろいろな歴史があるとは知りませんでした。夫は陀羅尼助を毎日飲んで元気です。名前に因んでアオキを庭に植えることにしました」という丁寧なお手紙までいただき感激しました。しかし、これは大変嬉しいことですが、「どうぞ続編も」というお願いにはすっかり困りました。

平田社長さんからも「読者の方からご要望がありますので、続けて何か花に関するものを、お願いできないでしょうか」というお話が再三。そして昨年の春のこと、それならばと恥ずかしながら以前書いた花のエッセイを何編か読んでいただくことにしました。それから数日後のこと。「とても面白いじゃないですか。このまま置いておけばただの紙屑同然です。再生させましょう。立派な本になります」とのこと。この一言で元気再発。あちこちから掻き集めてみたら、塵も積もれば長短さまざまで七十編にもなり、その中には前者と同じ項目のものも数編あり、これら全部を最初からもう一度読み直し加筆することにしました。

社長さんのアイデアとご努力によりこのように立派に蘇り、再び世に送り出していただけたことに感謝しております。『花と日本人』と同様、専門用語はできるだけ避け、わかりやすく書いたつもりです。自然が大好き、野や山の花が大好き、植物のことをもっと知りたいという方々のご参考になればと思っております。

最後にこの出版に当りいろいろご尽力いただいた平田社長様はじめ編集者の方々に厚く御礼申しあげます。

（初出掲載紙　大日本華道会『花道』から十編、町田市「広報　まちだ」から五十編、鶴川自然友の会「かたかご」から十編。以上七十編）。

二〇〇五年一月十八日

中野　進

【参考文献】

●図鑑・事典類

牧野新日本植物図鑑　牧野富太郎（一九七〇）・北隆館

野草大図鑑　監修高橋秀男（一九九〇）・北隆館

樹木大図鑑　監修高橋秀男（一九九一）・北隆館

原色日本樹木図鑑　北村四郎、岡本省吾（一九五九）・保育社

原色日本植物図鑑　草本編全三巻・北村四郎、村田源（一九六八）・保育社

原色日本植物図鑑　木本編全二巻・北村四郎、村田源（一九七九）・保育社

原色日本帰化植物図鑑　長田武正（一九七六）・保育社

原色和漢薬図鑑　上下・難波恒雄（一九八〇）・保育社

増補改訂版　資源植物事典（七判）（一九八九）・北隆館

図解植物観察事典（一九八二）・地人書館

原色野草観察検索図鑑　長田武正（一九八二）・保育社

検索入門野草図鑑　全八巻　長田武正（一九八五）・保育社

新版　日本原色雑草図鑑（一九七五）・全国農村教育協会

四季の花事典　麓　次郎（一九八五）・八坂書房

最新園芸大辞典　全七巻（一九六九〜七一）・誠文堂新光社

日本中国植物名比較対照辞典　増淵法之編（一九八八）・東方書店

図説草木辞苑　監修木村陽二郎（一九八八）・柏書房

図説花と樹の大事典　監修木村陽二郎（一九九六）・柏書房

古典植物辞典　松田　修（一九八〇）・講談社

日本植物方言集　草本類編（一九七二）・八坂書房

草木図説（木部上下）飯沼慾斎・北村四郎編註（一九七七）・保育社

増訂草木図説（草部全四巻）・牧野富太郎再訂増補（一九八八）・国書刊行会

原色日本植物生態図鑑　田辺和雄（一九六〇）・保育社

科学用語　語源辞典（ラテン語篇）大槻真一郎

（一九七九）・同学社
日本俗信辞典　動・植物編　鈴木棠三（一九八二）・角川書店
日本民俗語大辞典　石上堅（一九八三）・桜楓社
合本俳句歳時記（一九七四）・角川書店
カラー図説日本大歳時記（一九八三）・講談社
植物短歌辞典　正続（一九七七）・加島書店
和歌植物表現辞典（一九九四）・東京堂出版
日本博物学史　上野益三（一九七三）・平凡社

●その他一般書

日本の植生　宮脇昭編（一九七七）・学習研究社
日本固有の植物　前川文夫（一九七八）・玉川大学出版部
植物からの警告　生物多様性の自然史（一九九四）・NHKブックス
植物の進化を探る　前川文夫（一九六九）・岩波新書
植物の名前の話　前川文夫（一九八一）・八坂書房
植物名の由来　中村　浩（一九八〇）・東京書籍
日本植物記　本田正次（一九八一）・東京書籍
花の文化史　春山行夫（一九八〇）・講談社
花の文化史　松田　修（一九七七）・東京書籍
木のはなし（一九八三）・続木のはなし（一九八五）満久崇磨・思文閣出版
花の歳時記　居初庫太（一九六八）・淡交社
花との対話　湯浅　明（一九八〇）・玉川大学出版部
花の秘密　佐俣淑彦（一九七五）・玉川大学出版部
花の色の謎　安田　齊（一九七六）・東海大学出版会
花の科学　箱崎美義（一九八三）・研成社
花ごよみ　杉本秀太郎（一九八七）・平凡社
花のはなしI・II　樋口春三（一九九〇）・技報堂出版
花々の染め帳　足田輝一（一九九〇）・東海大学出版会
花の履歴書　湯浅浩史（一九八二）・朝日新聞社
花の風物詩　釜江正巳（一九九二）・八坂書房
花の歳時記　釜江正巳（二〇〇一）・花伝社
折々の花　浜崎　浩（一九八二）・八坂書房
花木への招待　伊佐義郎（一九八三）・八坂書房

草木歳時記　外山三郎（一九七六）・八坂書房
草木夜ばなし・今や昔　足田輝一（一九八九）・草思社
百草百木誌　鶴田知也（一九八一）・角川書店
草木図説　鶴田知也（一九七九）・東京書籍
生物学者と四季の花　湯浅　明（一九七八）・めいせい出版
植物学のおもしろさ　本田正次（一九八八）・朝日新聞社
植物ごよみ　湯浅浩史（二〇〇四）・朝日新聞社
植物の心　塚谷祐一（二〇〇一）・岩波書店
植物の生活誌　堀田　満（編）（一九八〇）・平凡社
花と木の文化史　中尾佐助（一九八六）・岩波新書
花の履歴書　安田　薫（一九八二）・東海大学出版会
植物文化史　臼井英治（一九八八）・裳華堂
植物と行事　湯浅浩史（一九九三）・朝日新聞社
樹木風土記　姫田忠義（一九八〇）・未来社
歳時記の花たち　青柳志解記樹（一九九九）・朝日新聞社
日本の樹木　辻井達一（一九九五）・中公新書
木のはなし　善本知孝（一九八三）・大月書店
木の文化誌　足田輝一（一九八五）・朝日新聞社
木の見かた、楽しみかた　八田洋章（一九九八）・朝日選書
古典の中の植物誌　井口樹生（一九九〇）・三省堂選書
古典の中の植物　金井典美（一九八三）・北隆館
森の自然学校　稲本　正（一九九七）・岩波新書
野にあそぶ　斎藤たま（一九七四）・平凡社
種子の科学　沼田　真（編）（一九八一）・研成社
木の実　松山利夫（一九八二）・法政大学出版局
自然観察ハンドブック　日本自然保護協会（一九八四）・思索社
自然観察のガイド　久居宣夫（一九八七）・朝倉書店
自然再生　鷲谷いずみ（二〇〇四）・中公新書
里山の環境学　竹内和彦・他（二〇〇一）・東大出版会
植物と民俗　倉田　悟（一九六九）・地球社
植物と民俗　宇都宮貞子（一九八二）・岩崎美術出版社
植物民俗　長沢　武（二〇〇一）・法政大学出版局
花の民俗学　桜井　満（一九七四）・雄山閣

花の民俗　川口健二（一九八二）・東京美術
植物と神話（正続）近藤米吉・雪華社
多摩の草木記　菱山忠三郎（一九八一）・武蔵野郷土史刊行会
多摩の植物散歩　横田正平（一九八七）・草思社
花と歴史の武蔵野　田中澄江（一九八八）・ぎょうせい
野草雑記　定本柳田國男集二十二巻（一九六二）・筑摩書房
野の民俗　中田幸平（一九八〇）・社会思想社

【索　引】

ム

モ

ヤ

ユ

ヨ

ラ

リ

レ

ワ

中野　進（なかの　すすむ）

1930年　北海道上川郡東神楽生まれ。
1962年より、東京都町田市に在住。
元都立高校教諭。
約40年間多摩丘陵の自然と植物を観察。
現在、絶滅危惧種の再生と保護活動に努める。
町田市鶴川自然友の会会長

著書　『花と日本人』（花伝社、2000年）

里山の花散歩

2005年2月5日　初版第1刷発行

著者　中野　進
発行者　平田　勝
発行　花伝社
発売　共栄書房
〒101-0065　東京都千代田区西神田2-7-6 川合ビル
電話　03-3263-3813
FAX　03-3239-8272
E-mail　kadensha@muf.biglobe.ne.jp
URL　http：//www1.biz.biglobe.ne.jp/~kadensha
振替　00140-6-59661
装幀　澤井洋紀
印刷・製本　中央精版印刷株式会社

ISBN4-7634-0434-2 C0040